张茜 杨旭海 ◇著

NONGYE

JIXIE SHEBEI DE SHIYONG JIQI WEIHU JISHU

农业机械设备
的
使用及其维护技术

中国农业科学技术出版社

图书在版编目（CIP）数据

农业机械设备的使用及其维护技术 / 张茜，杨旭海
著 . — 北京：中国农业科学技术出版社，2019.9
ISBN 978-7-5116-4365-0

Ⅰ . ①农… Ⅱ . ①张… ②杨… Ⅲ . ①农业机械—使
用方法②农业机械—机械维修 Ⅳ . ① S220.7

中国版本图书馆 CIP 数据核字 (2019) 第 193861 号

责任编辑　　李冠桥
责任校对　　贾海霞
出 版 者　　中国农业科学技术出版社
　　　　　　北京市中关村南大街 12 号　　邮编：100081
电　　话　　（010）82109705（编辑室）　　（010）82109702（发行部）
　　　　　　（010）82109703（读者服务部）
传　　真　　（010）82106625
网　　址　　http://www.castp.cn
经 销 者　　各地新华书店
印 刷 者　　北京建宏印刷有限公司
开　　本　　710mm×1000mm　　1/16
印　　张　　8.375
字　　数　　151 千字
版　　次　　2019 年 9 月第 1 版　　2020 年 9 月第 2 次印刷
定　　价　　48.00 元

前　言

农业机械化是农业现代化的重要标志。成功经验表明，农业机械化是提高农业科技和装备水平的重要载体，是加快推进农业现代化建设的重要力量。农业机械属于农机具的范畴，农业机械化发展即要推广使用农业机械。随着科技水平的提升，农业机械的使用频率越来越高，这对农业生产质量和水平都有较大的提升作用，因此，加大对农业机械设备的维护对农业现代化发展至关重要。

本书首先简要介绍了农业机械化的一些概念及其管理，随后比较详尽地描述了拖拉机、配套农机具、联合收割机和其他农业机械设备的使用与维护及农机常用油料的储存管理与安全使用，最后探讨了现代农业装备的现状与发展趋势。本书由张茜和杨旭海两人共同完成，其中张茜撰写9万字左右，杨旭海负责剩余6万字的撰写。

作者在书稿写作过程中思考了许多从前未涉及过的问题，学习了许多新理论、新思想、新知识，自身传统认知与这些新鲜事物的碰撞是激烈的，可以说书稿的写作历程也是一次成长和改变。

感谢我的同事们，感谢他们的支持与合作，没有他们的加入，我的研究就无从开展；感谢我的家人，他们在我写作过程中给予了大力支持、理解和关怀；为了能够使我安心写作，他们分担了家庭的大部分重任，我所取得的每一点进步，都凝聚着家人大量的心血和付出；我还要感谢所有参考文献的作者，是他们富有创造性的研究工作奠定了我写作此书的基础。

鉴于本人学识水平和研究写作时间有限，书稿中难免有不足和有待商榷之处，希望广大读者多提宝贵建议和意见。

张茜　杨旭海
2019年6月

目　录

第一章

农业机械化概述

第一节　农业机械化概念及内涵

农业的生产和发展都离不开农业机械的使用。农业机械化定义为机器逐步代替人力、畜力进行农业生产的技术改造和经济发展的过程。在 2004 年颁布的《中华人民共和国农业机械化促进法》中规定农业机械化是运用先进适用的农业机械装备农业，改善农业生产经营条件，不断提高农业的生产技术水平和经济效益、生态效益的过程。此外，国际农业工程学会（CIGR）把农业机械化定义为利用工具、农具和机器开发农业用地，从事种植业生产、储藏前准备、储藏和农场就地加工。从应用的角度讲，农业机械化是一个"过程系统"，它通过使机械（装备）与劳动力、农艺特点结合，完成农业生产中的驱动作业、固定作业和运输作业，用物化劳动代替活劳动，实现工具革命的过程。从农业机械化的定义可以看出：农业机械化是农业现代化表现，是农业技术进步的标志，可以利用先进的技术提高劳动生产率，通过解放劳动力提高土地产出，是现代技术的载体。

另外，农业机械化本身的定义较为宽泛，既包括狭义农业机械化，也包括广义农业机械化。狭义农业机械化仅仅针对种植业和田间作业机械化。就种类而言，可以划分为以下几类：动力机械、作业机械。其中，动力机械包括农用拖拉机、飞机、发动机和电动机，作业机械包括田间作业机械、场上作业机械、运输机械、农畜产品加工机械、排灌机械、农田基本建设机械、牧草机械、饲养机械、林业机械、作业机械及渔业机械。

广义的农业机械化的范围不但应从过去侧重的种植业和田间作业机械向林业、牧业、渔业机械化发展，同时还应扩展到产前生产资料的供应和产后农副产品的贮藏、加工、运输和销售的机械化。其中，产前阶段的机械种类为种子加工机械、饲料加工机械和农田基本建设机械，产中阶段的机械种类为农作物试验区机械、种植业机械、养殖业机械、水产业机械、林果业机械、园艺机械、设施农业机械和排灌减灾机械等，产后阶段的机械种类主要为农产品烘干仓储机械和农产品装备运输机械。

第二节　农业机械化的基本特征

一、影响农业机械化发展的主要因素

农业机械化可以有效地提高劳动生产率，其发展与产业结构的变革和推动是密不可分的，既离不开产业结构的变革所带来的推动效果，也担负着推动产业结构调整的任务。那么农业机械化是否能够得到有效的发展主要是看是否有动力以及条件。动力主要来源于农业经营者是否有用机器代替劳畜力的要求。发展的动力可以分为国家层面和微观层面。从国家层面来说，是依据农业生产投入产出的总关系、农产品增长和国民经济总产值增加的方面来估算农机化对国民经济的影响。从微观层面来看，就是农民使用农业机械是否能够带来效益。如果农业从业者在没有农机的前提下仍然可以担负起农业生产，就不会需要农业机械化。想减少在农业生产中的劳畜力的需求是要在农民有剩余资金的前提下方能实现。农民还要考虑农业机械化的经济性，就是当利用农业机械所耗用的物化费用低于节约下的活劳动带来的拉动报酬时，农民才有购置农机的动力。此外就是发展的条件，有发展动力但是没有客观条件，农业机械化也不能有效开展。从农民来看，就是是否有购买和使用农业机械的资金和技术；从国家来看就是能否为农业机械化提供必要的技术服务。

按照上述分析，能够看出决定农业机械化发展的根本因素在于：一是农业从业者自身具有使用农业机械的动力。二是国家可以为农业从业者提供必要的农机服务，保证物质基础。三是农业从业者具有必要的农机管理和技术水平。

二、实现农业机械化的途径

我国 20 世纪 60 年的农业机械化发展历程为我们总结了一条发展途径。在具有需求动力和满足资金条件的基础上，来发展农业机械化，从而达到增

加财富的目的，进而转移劳动力，满足扩大再生产的条件和社会需要的目的。

第一是需求动力和满足资金条件。其中，需求动力是根本，农业从业者由于要扩大耕地面积、提高单产或者搞农业基本建设会感到劳动力不足，因此需要农业机械化。另外是在多种经营发展之后，劳动力就会从传统的种植业中转移出来，造成劳动力缺失，因此需要农业机械化。一旦农业从业者具有这种需求动力，他们就会去尽可能的来寻求资金。如果农业从业者不具有这种动力，即使国家用行政手段或者资金支持也均不能推动农业机械化发展。

第二是农业机械化，农业机械化最基本的原则是因地制宜。根据地域自然条件特点以及生产环境特点，选择最适合、最经济的发展。同时，农业机械化发展具有阶段性特点，也就是主要从某些重点项目开始，逐渐形成配套，最后再向全面机械化发展。

第三是转移劳动力与增加农业从业者收入，农业机械化的必然结果一定是增加农民收入。随着收入的增加，农业从业者具有一定的资金积累可以扩大再生产。

第四是扩大再生产。实现农业机械化后，资金与转移出来的劳动力一方面可以增加消费和新农村建设，另一方面还可以扩大经营范围。多种经营的发展可以调整我国农业生产结构，促进二三产业的发展，对建设农业现代化强国具有重要意义。

三、农业机械化的阶段性特点

农业机械化发展是一个从无到有，从低级到高级的发展过程。因此在发展的过程中表现出来具有阶段性的特点。

农业机械化发展可以分为三个阶段。第一个阶段是初步机械化阶段，通过选择最迫切，综合经济效益最好的农业机械，能够比较容易实现主要作业项目的机械化。如耕整地机械化，水田的排灌机械化等。第二个阶段是基本机械化阶段，在生产中各项作业均由机械完成，逐步达到生产总用工量的40%~70%。比如大部分地区的小麦生产，从耕、耙、播种、植保、收获、场上作业均由机械完成。第三个阶段是全面机械化阶段，是指在农业生产中绝大多数的作业均用机械完成。

第三节　农业机械化发展的地位和作用

一、农业机械化是农业生产中生物技术应用的保障

先进的生物技术措施要依靠农业机械来实现。现代生物技术的实施如果离开动力机械，就很难独立完成。例如，推广良种、地膜覆盖等技术，都是提高产量的生物技术措施。优良作物的种子，必须要经过清选机、拌种机、敷料机加以精选和处理，利用精密的播种机械播种，才能发挥好的效果。农膜覆盖栽培也需要利用铺膜机械和收获机械，才能达到省工省料的经济效益。可见，农业机械化与生物技术措施是农业技术当中的两个重要的组成部分。二者相辅相成，不能孤立的只强调生物技术的作用，忽视农业机械化这一重要的手段。

二、农业机械化保证粮食安全，增产增收

农业机械化可以创造和改善生物良好的生长环境。利用深耕、深松、旋耕、暗沟排水等田间作业可以增加耕作层的深度，改善土壤的物理性状态，达到增产的目的。此外，农业机械结合先进的生物技术使生物技术增产增收的作用得以实现。在播种季节，机械作业可以缩短时间，以播种为例，可以在最为适当的农时季节把种子播完，达到增加产量的效果。同时，农业机械可以减少灾害对农业的影响。这些作用不仅在种植业机械上能够得到很好的体现，在林、牧、渔业中也是一样。因此不能忽视农业机械在农业生产中的作用和地位。

三、农业机械化减轻劳动强度

农业机械化可以更好地改变农业生产的劳动条件。随着农业机械化水平

的逐渐提高,农业生产中体力劳动的强度逐渐减少,脑力劳动的比重不断增大,这也是缩小城乡差别的重要手段。

四、农业机械化加快实现农业现代化

农业现代化主要内涵是传统的手工劳动逐渐由机器设备所替代,是一种不断创新的发展过程。农业现代化利用了最先进的技术来装备农业,可以将传统的劳动生产力予以替换,从而保证生产力水平的提高,并且能够进一步提升农业经济的发展速度,保证农业技术更新的持续性。因此,可以看出推动农业机械化是实现农业现代化的核心,其使命不容忽视,它能够将先进的农业机械技术与农业生物技术有效地整合,并且成为使用新技术的支撑和载体,这些作用均非其他外力可以替换的。

五、农业机械化提升劳动生产率

从农业发达国家的农业机械化进程以及科技进步的作用来看,农机化是传统农业向现代化农业转变的主导力量,同时也是影响农业生产率中关键的因素。当前,中国农业生产方式还是较为传统的,并且农业机械装备与技术的投入仍然有限,这导致耕地与劳动力本身的效率低,农民收入提升动力不足,这些问题与现象迫使人们在农业生产领域提升农业生产力,以抵消由于劳动力结构的变化导致的农业发展退步。因此,全面推进农业机械化发展,促进劳动生产率水平的提高是经济社会发展的必然选择和发展路径。

六、农业机械化促进农村产业结构调整

我国农村产业结构的调整正处在关键时期,农业经济发展取得较大的成绩。尽管如此,当前农业产业结构也还不能与国民经济发展相适应,这种不相适应主要表现为产业结构层次较低,农业比较效益差等。而农业机械化能够依靠工程装备、科技技术同农业生产的结合,能够实现全方面改造农业生产,促进农村产业重构,合理配置当前资源,加速农业产业结构调整的进程,从而加速农业及农村经济的发展。

七、农业机械化促进农村经济可持续发展

当前人类面临着农业资源不足、环境整体退化等重大问题。因此，在发展农业现代化的同时，也应当保证农业及农村经济的可持续性。农业机械化的发展不仅仅是投入较高的发展方式，而是达到高产出的发展方式，这种发展也符合节约资源的发展方向，达到资源节约的目标，从而削弱对农业环境的负面作用，减少农民的直接生产费用，降低社会环境保护成本，实现全方面的协调发展。因此，合理推进农业机械化的发展，对实现可持续农业经济、绿色农业经济有着长足的贡献，对于整个国家也是具有重要的战略价值。

第二章

农业机械化生产的
基本概念与管理

第一节　机组、作业工艺、机器系统

一、农用机组

在农业机械化生产中，农业机器主要以机组的形式来运行、作业和管理。

机组是进行机械化农业生产的基本作业单位，它是由发动机、传动机和作业机具三个部分组成的。农业机组种类和型号是非常多的，按不同分类准则有以下几种。

一是根据机组在作业时是否移动的特点，可分为移动式和固定式两种机组。移动式机组作业时加工对象不动，机组向加工对象移动；固定式机组作业时本身不动，加工对象移向机组完成加工。移动式机组的典型代表是拖拉机机组，它在农业生产中占有重要地位。

二是根据机组三个基本组成部分的结构方案不同，拖拉机组分为牵引式、悬挂式和自走式。牵引式机组的作业机具与拖拉机或联结器构成一点铰接，农具本身有独立的行走装置。悬挂式机组通过悬挂机构把拖拉机与作业机具构成三点或两点铰接，运输状态时，作业机具的重力全部由拖拉机承担。自走式机组的三个基本组成部分在结构上是一个整体。

三是根据机组一次作业完成工序的多少，可分为单式作业机和复式作业机组。

四是按完成作业种类可分为耕地机组、播种机组等。

二、农业机器作业工艺

农业机器作业的对象是作物、土壤、种子、肥料、农药、地膜和农产品等。按一定的目的要求对加工对象进行加工的方法、步骤、组织监控等称为农业机器作业工艺。

田间机械化作业工艺要做的工作包括：

1. 作业工艺方法的选择

完成同一农艺要求可以采用不同的作业工艺方法，例如耕地作业有翻耕、耕、旋耕等，应结合当时当地条件合理选择。

2. 作业工艺准备

包括机器、土地、人员及辅助过程的准备。机器准备主要是检修与调试机具，以及机组编制；土地准备主要是地块区划、田地清理以及地块间转移的道路安排；人员准备主要是落实岗位责任制，进行技术和安全教育；辅助过程组织主要是落实各种物料的运输、装卸人员与地点安排。

3. 作业工艺运行

包括机组行走方法的合理选择、工艺性服务的安排（如卸车、卸草、上种、上肥、上药等）、作业质量检查以及安全保障。

4. 作业验收

包括作业质量检查、作业量测定和机具保养等。

三、农业机器系统

通常把完成农业生产过程所必需的、互相协调的农业机器的组合称为农业机器系统。按不同的层次和范围，有全国的、地区的、行业的、企业的农业机器系统。如北方旱作区，南方水田区，丘陵山区的农业机器系统；加工业的、种植业的、畜牧业的机器系统；按不同作物生产命名的，如小麦、玉米、水稻的机器系统。系统由各种农用动力机械和作业机械组成，如用于田间移动作业的拖拉机、犁、耙、播种机、收割机等，用于固定作业的柴油机、水泵、烘干机械、电动机等，以及各种自走式作业机械，如推土机、联合收割机、喷灌机械等。动力机和作业机相配合，才能完成相应的作业，因此，它们的性能如动力、幅宽、速度等，应该协调。完成相关联的作业之间，也要有作业质量和作业生产率方面的协调。就机器在系统总体而言，它应满足规定的农业生产任务，即按时、按质、按量地完成生产过程的各种作业机群也是一种机器系统，是指某个农业企业所拥有的各种动力机械、作业机械、自走式机器以及用于维修、运输和油料贮存设施的总和。而机器系统则指常用于地区、行业，作物的生产系统中的各种机器组合。依农业生产企业的生产规模或农机服务企业的服务规模不同，机群规模也不同。

第二节　土地产出率、劳动生产率及农业机器作业生产率等

一、土地产出率

它指单位土地面积上的农作物产量或产值，计量单位有 kg/hm²、t/hm²、元 /hm² 等。

二、劳动生产率

它指一个农业劳动力一年生产的作物量，或负担的作业面积，或创造的农业产值。计算单位有千克 /（劳·年）、公顷 / 劳、元 /（劳·年）等。劳动生产率的倒数，是单位面积或单位产量消耗的劳动量，以工日 / 公顷，工日 / 千克或小时 / 千克表示。

三、资源利用率

主要指水、肥料和石油等农业资源的利用情况，计量单位有 kg/（mm·hm²）、kg/m³，即 1mm 降水每公顷生产多少千克粮食，或灌 1m³ 水生产多少千克粮食，kg/kg 即 1kg 化肥生产多少 kg 粮食等。如北方旱地降雨利用效率是 6~9kg/（mm·hm²），华北灌溉的水资源利用率是 12~18kg/m³。土地也是重要的农业资源，如何保护和充分利用土地已引起高度重视，并用土地产出率指标来表示。本指标是为评价机械化生产系统对土地以外重要资源的利用好坏而设置的。

四、投入产出率

它是评价机械化农业生产系统的重要经济指标，投入主要是指农业机械与有关设备设施的投入，产出为增产、提高产品品质或降低成本，带来的经

济效益。通常采用投资效率、投资回收期和投入产出比几个指标。

$$投资效益率 \tau : \tau = C/K \qquad 式（2-1）$$

式中：C 为由投资而获得的平均年净收益，元 / 年；K 为投资总额，元。

$$投资静态回收期 T : T = K/C = 1/\tau \qquad 式（2-2）$$

式中：T 为投资效益率的倒数。

农业机器规定的投资期限为 3~6 年，如系统的投资回收期超过规定值，说明该系统经济指标不好。

$$投入产出比 \lambda : \lambda = \sum C_i / K \qquad 式（2-3）$$

式中：K 为机器或机器系统的服务期；

$\sum C_i$ 为投资的机器在服务期间创造的总收益。

上述计算中，关键是投资而获得的净收益 C 的计算。采用农业机械的目的是多方面的；提高劳动效益率，提高产品数量和质量；节省活劳动消耗；节省材料消耗；减少产品损失；改善劳动条件等。因而，确定农业机械投资效益时，要多方面考虑。C 可用下式计算：

$$C = C_1 + C_2 + C_3 + C_4 \qquad 式（2-4）$$

式中：C_1 为增收的收益；C_2 为减少劳动消耗的收益；C_3 为减少材料消耗的收益；C_4 为其他收益。

五、农业机器作业生产率

农业机器在单位时间内按一定质量标准的作业量称为机器作业生产率。时间的计量单位一般有小时、班、日、旬、季和年，作业量的计量单位有公顷、千克、吨、千米、立方米和米等。当需要将各种作业项目的作业量统一计算时，需要统一的作业量计量单位，一般有标准公顷、千瓦小时和小时等。农业机器的计数单位有混合台、标准台、千瓦、机组等。

研究机器作业生产率的目的是进行机器在作业生产率分析，挖掘机器的生产潜力和进行生产率估算，确定有科学根据的机器作业生产力以便制定机器的配备、选型、计划，或核算机器作业的实际生产率，以评定机组的运用水平。

1. 移动式机组的理论生产率

移动式机组的理论小时生产率可由下式表示：

$$W_T = 0.1BV \left(\text{hm}^2/\text{h} \right)$$　　　　　式（2-5）

式中：B 为机组的构造幅宽，m；V 为机组的理论速度，km/h。

机组的理论班率可由下式表示：

$$W_T = 0.1BVT \left(\text{hm}^2/\text{班} \right)$$　　　　式（2-6）

式中：T 为每班时间（h），可以为 10h，8h。

实际生产中，在 T 时间内只有部分时间是纯作业时间 TP，而且在 TP 时间内，机组的速度和幅宽也不是稳定不变的。设平均实际作业幅宽为 BP 和平均实际作业速度为 VP，可以写出：

$B_P/B = \beta$ 为机组幅宽利用率；

$V_P/V = \varepsilon$ 为机组速度利用率；

$T_P/T = \tau$ 为机组班次时间利用率。

幅宽利用率 β 主要取决于机组的行驶直线性和驾驶员的技术熟练程度。播种和中耕作业要求 β 值等于 1，耕地和收割等作业 β 值小于 1。影响机组速度利用率的因素很多，在实际生产中值 τ 一般较 β、ε 值低。将 τ、β、ε 代入式（2-5）内，可得出机组的小时技术生产率；

$$W = 0.1BV\beta\varepsilon\tau \left(\text{hm}^2/\text{h} \right)$$　　　　式（2-7）

近似计算时，可设 β、ε 为 1，则：

$$W \approx 0.1BV\tau$$　　　　式（2-8）

关键是 τ 值的选取，需要查阅有关资料，或进行生产查定得出。

技术生产率是指在一定技术水平条件下能够达到的生产率，它比理论生产率低。对于收获等作业，将式（2-8）的左边乘以公顷产量（主产品或主副产品的公顷产量），则可表示为 kg/h 或 t/h 计量的技术生产率。

机器铭牌上标注的小时生产率是纯小时生产率：

$$W' = 0.1BV\beta\varepsilon = 0.1B_p V_p \left(\text{hm}^2/\text{h} \right)$$　　　　式（2-9）

2. 以功率和比阻表示的移动式机组生产率

机组能作业的幅宽 B，可按下式计算：

$$B = P_T/K$$　　　　式（2-10）

式中：K 为农机具的比阻，N/m；P_T 拖拉机的挂钩牵引力，N。

将 B 代入式（2-9），可得出机组技术小时生产率如下：

$$W = 0.1BV\beta\tau = 0.1\frac{P_T V_n}{K}\beta\tau = 360\frac{N_t}{K}\beta\tau$$　　　　式（2-11）

式中：N_t 为拖拉机牵引功率，kW；N_t = 发动机标定功率 × 发动机标定功率利用率 × 拖拉机牵引效率。

上式反映了机组生产率与拖拉机标定功率、发动机功率利用率、牵引功率利用率以及农具比阻之间的关系。它不仅提供了一种在用户不知道机组作业幅宽和作业速度情况下，可以根据拖拉机牵引功率和农具比阻计算机组生产率的方法；而且有利于分析影响生产率的因素，研究提高生产率的措施。

3. 影响生产率的主要因素

（1）发动机标定功率。发动机功率越大、生产率越高。在使用期中，发动机最大功率逐渐下降，下降速度主要取决于制造质量和使用维护状况。要通过良好的维护使功率减缓下降速度。在海拔高的地区，由于空气稀薄，发动机最大有效功率也要下降。

（2）发动机标定功率利用率。利用率越高发动机标定功率利用越好、生产率越高。但由于作业负荷波动，过高的负荷，会使发动机频繁处于超负荷工作状况，加速机器磨损，性能退化。而功率利用程度低，发动机处于不满负荷状态下工作，不仅产率下降，还导致耗油率升高。对于翻耕、深松、旋耕等重负荷作业机组，其合理的功率利用率一般约为80%。

（3）拖拉机牵引效率。拖拉机的牵引效率 = 拖拉机的传动效率 × 滑转效率 × 滚动效率。在正常技术条件下，拖拉机的传动效率变化不大，为0.88~0.92；滑转率变化范围较大，特别是轮胎式拖拉机，为避免滑转率过大引起土壤结构破坏，及驱动装置加速磨损，一般要求胎轮打滑率不超过20%，履带驱动装置打滑率不超过7%，即滑转效率80%或93%；拖拉机滚动效率主要取决于地面状况，硬路面行驶时滚动效率高达95%以上，田地里则要视目的地土壤状况，土壤干硬时，滚动效率和滑转效率都较高。反之，二者都较低。一般土壤条件下拖拉机牵引效率为0.7~0.8。

（4）作业时间利用率。机组班时间利用率 τ：

$$\tau = \frac{T_P}{T} = \frac{T - T_H}{T} \qquad 式（2-12）$$

式中：T_P 为班内的纯作业时间，h；T_H 为班内的非作业时间，h；T 为每班时间，h。

T 时间的构成项目如下：①纯作业时间（T_P）；②田区内的空行时间（t_1）；③工艺服务停车时间（t_2）；④检查调整停车时间（t_3）；

⑤机器故障停车时间（t_4）；⑥技术保养时间（t_5）；⑦短途转移空运时间（t_6）；⑧组织不善造成的停车时间（t_7）；⑨自然条件造成的停车时间（t_8）。

第三节　农业机械化管理

一、不同层次农业机械化管理的内容

1. 社会经济战略研究层次

主管农业的行政领导（如市、县长）及农村发展中心的工作，主要是通过农业机械化与农村经济发展协调的研究，农业机械化与工业发展协调的研究，劳动力转移与农业机械化关系的研究等，确定农业机械化发展战略和方针（如加速发展农业机械化，实施半机械化与机械化并举，搞因地制宜选择机械化等决策）。

2. 宏观管理组织层次

农业机械化司局、农业机械工程局、研究院所、学校等的工作内容，包括组织进行区划、规划，制定科技攻关战略、机器生产及技术机具引进规划，研究生产模式、农业机械经营形式、服务体系及更新决策等。

3. 微观经营管理层次

农场、机务站（队）、制造厂、维修厂、供销公司等的技术和业务工作，包括企业规模、市场营销、产品布局、种植制度、作业工艺、机器配备、机器更新、生产计划、调度等。

4. 机器技术层次

工程技术人员、驾驶操作人员的业务，包括机器操作、技术维护、修理、油料化验、油库管理等。

二、农业机械化科学管理方法

1. 借助运筹学、控制论中成熟的方法和模型，解决农业机器管理中有关决策问题，由经验定性决策向优化定量决策发展

如线性及非线性规划方法用于机械作业计划制订，机器系统配备，企业

经营规划等的定量决策计算；排队论、随机模拟用于农业机械化供销服务系统，加工网点配置，加油站配置计算等；库存论用于库存管理定量计算等。

2.从生产管理向经营管理的内容扩展

对农业机械化企业（如机械化农场、专业户），这个问题已经提到日程上。以前使用农业机器的单位，如生产大队和农场，种什么作物是由上级定的，种多少面积是不变的，单位的任务只是如何把生产搞好，增加产量，而没有多少经营问题。现在则不仅要考虑搞好生产，更要注意经济效益，要决定种什么作物、种多少、搞什么副业项目、规模多大等，要结合企业人力物力财力状况，在适合当地的若干可行经营方案中，制订出优化的经营方案来，以获得最大收益。有些传统的内容（如机器配备）要延伸，由以前仅在种植计划一定前提下配备机器，变为包括计算种什么、种多少、配什么机器的作业系统的多参数优化。

3.强化系统分析能力，发展出机器系统管理决策的方法模型

如通过对机器作业成本、作业时间、作业适时性损失的系统分析，建立机器时间系统优化模型。通过前茬作物作业对后茬作物作业影响的系统分析，建立一年两熟地区的机器系统配备模型。

4.随机模拟技术、仿真技术的应用，使得非确定性复杂问题的研究、分析、决策成为可能

如作业期的确定、服务能力确定、灾害预测等，进一步提高了农业机器管理决策的水平。

第四节　农业机器的选型配备和更新

一、农业机器的选型配备

（一）农业机器配备的一般原理和方法

1.农业机器配备的目的和要求

我国各地区的自然、气候、农业经济条件和农机经营形式、农业经营规模、生产任务和作物种类等不同，农业机器配备以因地制宜地完成机械化农业生产任务，提高农业经济效益为目的。

2.农业机器配备的方法

（1）以农业作业机组必须在适期内完成作业任务为基本依据，这类方法有机组工作量法、能量法和经验定额法等。

（2）以完成作业阶段任务同时实现机械作业费用最低为目标，这类方法有线性规划法、最小年度费用法等。

（二）农业机器传统的配备方法

工作量法和能量法的出发点是按一个农业机械化企业的现有土地规模、农业作业工艺要求等，按机器在给定期限内完成所需的各项作业所需拖拉机和农具的台数，以及按完成各项作业所消耗的动力之和来计算出所需拖拉机和农具的台数。这两种方法虽然考虑了机组生产率、作业期限等参数，但未与经济效益挂钩，因此，不能称为优化结果。

（三）线性规划配备法

线性规划配备法是重要的系统配备方法之一，主要用于限定作业期限的情况，可用于田间作业、加工、饲养、运输等多方面的配备。使用的前提是配备的约束条件与目标函数均为线性函数。

用线性规划方法进行机器系统配备时，首先要建立数学模型，即编写约束方程和目标函数，然后利用计算机对数学模型进行求解。约束方程可包括作业量约束、机器约束、农具约束、劳动力约束、资源约束等；目标函数可以是企业纯收入最高、机械作业成本最低、资源消耗最少等。经计算机对模型进行求解可得出在满足一定约束条件下的最佳机具配备台数。

（四）非线性规划配备法

虽然线性规划配备方法综合考虑了机组生产率、作业工艺、作业任务、作业成本及企业收益等，但由于该方法要求所有约束方程和目标函数均为线性，而实际生产中有些约束并非是线性关系。另外，用线性规划进行机具配备时，机组各项作业日期必需根据经验提前给定。而给定的作业期限不一定是合理的。例如北京地区小麦收获作业，作业期可定为 3d，也可定为 6d。两者对联合收获机的需求量会相差一倍，机器作业成本相差甚远，若定为 6d，机器配备数量少，机械作业成本低，可作物产量的田间损失量会加大，反之亦然。那么 3d 与 6d 究竟哪个更合理呢？此时就需要用非线性规划的方法来求解。在求得最佳机具配备量的同时，得到最佳的作业日期数，使企业的纯收入量大或机械作业成本最低。

（五）计算机模拟法

线性规划法或非线性规划法所得结果虽为一个最优解，但得出这一结果有时会因各种原因，企业在实际过程中有较大难度。此时企业又别无选择。而计算机模拟法也称计算机仿真法，借助计算机对系统进行动态模拟，可得出多种可行方案，再由决策部门从中作出合理的选择。

二、农业机器的更新

一般地讲，机器有三种寿命。

一是自然寿命指机器从开始投入使用，直到由于有形磨损不能继续使用而报废为止所经历的整个时期。

二是经济寿命指机器从开始投入使用，直到继续使用会造成经济上不合理而使其停止服役的整个时期。

三是技术寿命指机器投入使用后，由于技术的进步，虽然还未到达经济寿命期，也不得不淘汰所经历的时期。

我国在较长的时间内没有按照科学的方法确定合理更新期，农业机器使用期过长，折旧率较低，更新资金不到位，加之片面强调延长农业机器自然寿命、超期使用，以致机器严重老化，油料费、维修费急剧上升，可靠性下降，影响着企业经济效益与社会效益。

1. 农业机器更新的原因

（1）机器发生事故性损坏，无法修理，只有更换新机器。

（2）生产内容或规模变化，原有机器不适用。

（3）机器停止生产或进口，零配件失去供应，无法进行正常维修，被迫做出提前淘汰更换新机器的决定。

（4）出现性能优良的新型机器，旧机器相形见绌，失去使用价值。如用联合收获机收小麦后，割晒机因其要人工捆、运、脱粒，不受农民欢迎，大批割晒机只好闲置起来。

（5）使用旧机器的预期成本超过换用新机器的预期成本。

我国更新农业机器，多数还是前三种情况，但这些因素的规律性较少，农业机械化工作者能控制的不多，所以一般研究的也不多。第四种情况在一些技术发达、农业机器产品换代很快的国家，已成为引起更新的重要原因。我国当前研究的重点是第五种情况，即以性能一样或相近的新机器取代旧机器。

2. 更新期平均成本原理

合理的更新期应使机器整个使用期间的总平均作业成本最低或费用最低。

设更新期平均作业成本为 C_u，由机器开始购置到报废，共使用 t 年，则 C_u 为：

$$C_u = \frac{y_1 + y_2 + y_3 + \cdots + y_t}{t \cdot A} \qquad 式（2-13）$$

式中：t 为机器整个使用期，即更新期，年；

A 为机器年作业量，标准公顷 / 年，小时 / 年；

y_i 为第 i 年的机器年使用费用，元 / 年。

更新期内平均年度作业费用 y_u 可表示为：

$$y_u = \frac{1}{t}\left(y_1 + y_2 + \cdots + y_t\right) \qquad 式（2-14）$$

第三章

拖拉机的使用与维护

第一节　拖拉机概述

拖拉机是用于牵引、悬挂并驱动各种配套农机具，完成耕、种、收等农业田间作业、运输作业和固定作业的动力机械。目前，拖拉机是广大农村拥有量最多、使用最广泛的农用动力机械，它与相应的农机具配套，可进行耕整地、播种、中耕、施肥、植保、收获等农业田间作业，通过动力输出可完成排灌、脱粒、饲草料加工、发电、农副产品加工等固定作业，在农田基本建设中可进行挖掘、推土、铲运、平整、运送、开沟、起垄等整地作业，当牵引挂车时可完成农业运输任务，是农、林、牧、副、渔各业生产过程中重要运输工具之一。

一、概述

拖拉机是一种比较复杂的移动式农用动力机械，主要由发动机、底盘和电气设备三大部分组成。尽管各种型号的拖拉机在使用性能、工作条件和要求各方面有区别，但它们的总体结构和基本工作原理却大体相似。

（一）拖拉机分类及用途

拖拉机常用的分类方法有以下几种。

1. 按用途分类

（1）工业用途拖拉机。主要用于建筑、筑路、矿山和石油等工程，也可用于农田基本建设作业。

（2）林业用途拖拉机。主要用于林区集材，即把采伐下来的木材收集并运往林场。将其配带专用机具也可进行植树造林和伐木作业。

（3）农业用途拖拉机主要用于农业生产。

2. 按行走方式分类

（1）轮式拖拉机。行走装置是轮子的拖拉机，通常指四轮拖拉机。轮式拖拉机按驱动型式不同，还分为两轮驱动轮式拖拉机和四轮驱动轮式拖拉机两种。

（2）履带式拖拉机（又称链轨拖拉机）。履带式拖拉机的行走装置是履带，履带可提高牵引性能。它主要适用于土质黏重、潮湿地块田间作业，农田水利、土方工程等农田基本建设。

（3）半履带式（轮链式）拖拉机。半履带式拖拉机的行走装置既有轮子又有履带。

（4）特种结构拖拉机。适于在特殊工作环境下作业或适应某种特殊需要的拖拉机。如船式拖拉机、高地隙式拖拉机、山地拖拉机和水田拖拉机等。

3. **按驾驶方式分类**

（1）方向盘式拖拉机。用方向盘操纵转向的拖拉机，如轮式拖拉机。

（2）操纵杆式拖拉机。用操纵杆操纵转向的拖拉机，如履带式拖拉机。

（3）手扶式拖拉机。用扶手操纵转向的单轴拖拉机。

4. **按发动机功率大小分类**

（1）小型拖拉机。它是功率为147kW（20马力）以下的拖拉机。

（2）中型拖拉机。它是功率为147~736kW（20~100马力）的拖拉机。

（3）大型拖拉机。它是功率为736kW（100马力）以上的拖拉机。

（二）拖拉机的使用性能

拖拉机在使用过程中所表现出来的性能，称作拖拉机的使用性能，拖拉机的使用性能主要反映在拖拉机的可靠性、经济性、牵引附着性能等指标方面。它是评价拖拉机的重要依据。

1. **拖拉机的可靠性**

拖拉机的可靠性表示拖拉机在规定的使用条件和时间内工作的可靠程度。可靠性通常以拖拉机零部件的使用寿命来衡量，是评价拖拉机的重要指标，因为可靠性越高，使用时间越长，创造的价值越高。

2. **拖拉机的经济性**

拖拉机的经济性是指拖拉机在使用时所消耗的费用。拖拉机的经济性主要是指燃料消耗经济性能。拖拉机的打滑率、滚动阻力、润滑油耗量、拖拉机的维修和折旧费等也影响其经济性。拖拉机燃油消耗的经济性是用每千瓦小时耗油量（比耗油量）来评价的。拖拉机的经济性对使用者来说是非常重要的。

3. 拖拉机的牵引附着性能

拖拉机牵引性能是表示拖拉机发挥牵引力的能力。牵引力大即为牵引性能强。拖拉机附着性能是表示其行走机构对地面的附着（抓地）能力。附着性能好，牵引性能也就好，因此这两者常相提并论。四轮驱动拖拉机比两轮驱动拖拉机附着的性能好，高花纹轮胎比低花纹轮胎附着性能好。附着性能强，拖拉机用于牵引力上的功率就能得到充分的发挥，所以，具有同样功率的拖拉机，附着性能好者，其牵引力就大。由于拖拉机主要用于牵引作业，因此，在评价拖拉机是否有劲时，不仅要看拖拉机发动机功率的大小，而且还要比较拖拉机牵引功率及牵引力的大小。

4. 拖拉机的通过性能

拖拉机的通过性能包括对地面通过性能和对行间通过性能两个方面。对地面的通过性能是指对各种地面的通过性能。例如，拖拉机能在潮湿泥泞、低洼有水、冰雪滑路地面行驶顺利，在雨季地湿、松软或砂土团里工作正常，在狭小弯路上通行、爬越沟埂容易等，都说明拖拉机的通过性能好。对行间通过性能是指拖拉机在作物之间通过的性能。一般来说，拖拉机的外形尺寸小、重量轻，行走装置对地面接地压力小、拖拉机最低点离地面间隙（地隙）大，其通过性能就好。接地压力主要与机重和行走装置的类型有关，重量轻、行走装置接地面积大（如履带），接地压力则小。中耕拖拉机离地间隙大，可保证中耕作业时不易损伤作物的枝叶等。

5. 拖拉机的机动性

它包括拖拉机行驶的直线性及操纵性两个方面。当拖拉机向前或向后直线行驶时，不自动偏离直线方向，由于外界影响而偏离后，又有足够的自动回正的能力，这称为行走直线性好。通常所说的拖拉机跑偏，就是指拖拉机行驶直线性不好的意思。拖拉机操纵性能是指拖拉机能按所需路线行驶及制动、起步可靠的性能。拖拉机操纵轻便、灵活、转弯半径小、制动、起步顺利、挂挡可靠，则称为操纵性好。

6. 拖拉机的稳定性

拖拉机的稳定性是指拖拉机能保持自身稳定，防止翻车的性能，特别是拖拉机在坡地上行驶时，其稳定性更为重要。它主要与拖拉机的重心高度及重心在轴距与轮距（履带为轨距）间的位置有关，拖拉机的重心低、轴距、轮距（或轨距）大，稳定性就好。一般来说，离地间隙高的拖拉机虽然通过性能好，但相对离地间隙高的拖拉机，其重心也高，所以稳定性差。

7. 拖拉机的生产率及比生产率

拖拉机在单位时间内（以小时计算）完成的工作量称为拖拉机的生产率。拖拉机每千瓦小时完成的工作量称为拖拉机比生产率。拖拉机生产率通常用来衡量功率相同的拖拉机的工作效能，而拖拉机比生产率则用来衡量功率不同的拖拉机的工作效能。拖拉机的生产率和比生产率与拖拉机的功率、牵引附着性能及与农机具配套共同工作时的协调程度有密切关系。

8. 拖拉机的结构重量与结构比重量

拖拉机的结构重量是指未加油、水、未装配重、未坐驾驶员时拖拉机的重量。拖拉机的使用重量则包括油、水，手扶拖拉机还包括配带农具（旋耕机或犁）的重量。拖拉机每千瓦所占的重量称为结构比重量，结构比重量是衡量拖拉机消耗金属和技术水平的一个重要指标。

拖拉机的上述这些使用性能及其指标有些可能会有相互矛盾的地方，在评价时，应把拖拉机的适应范围与使用条件和要求结合起来综合考虑。

二、拖拉机的构造及工作过程

懂得了拖拉机的基本构造原理和性能，才能做到拖拉机的使用与维护的有机结合以及正确调整，从而提高拖拉机的可靠性。通过结合构造、联系原理，有助于判断和分析故障、查准故障，做到及时排除故障，确保拖拉机在良好的状态下工作。

（一）概述

各类拖拉机的总体构造虽有所不同，但基本上都是由发动机、底盘和电器设备三大部分组成。发动机的作用是产生动力，为拖拉机的行驶和各种作业提供动力。底盘的作用是传递动力、变换速度、行走、转向、制动、停车并支承拖拉机的全部总成部件等。电气设备的作用是启动、照明、工作监视、故障报警、自动控制和信号指示等。

（二）发动机

拖拉机发动机通常采用柴油发动机，也称柴油机。柴油机是以柴油为燃料的发动机。柴油机主要由一个机体、两大机构（曲柄连杆机构、配气机构）、四大系统（燃料供给系统、润滑系统、冷却系统、启动系统）组成。

1. 曲柄连杆机构

曲柄连杆机构由活塞连杆组、曲轴飞轮组、缸盖机体组构成。其功用是将燃料燃烧时发出的热能转换为曲轴旋转的机械能，把活塞的往复运动转变为曲轴的旋转运动，对外输出功率。

2. 配气机构

配气机构由气门组、气门传动组、气门驱动组构成。其功用是按各缸的工作顺序，定时开启和关闭进、排气门，吸入足量的新鲜空气，排尽废气。

3. 燃油供给系统

燃油供给系统由燃油供给装置、空气供给装置、混合气形成装置及废气排出装置构成。其功用是按柴油机不同工况的要求，供给干净、足量的新鲜空气，定时、定量、定压地把柴油喷入气缸。混合燃烧后，排尽废气。

4. 润滑系统

润滑在机械当中的作用是非常大的，润滑系统一般由机油供给装置（包括机油泵、限压阀、油管和油道等）和滤清装置（包括机油粗滤器、机油细滤器、机油集滤器等）组成。其功用是向各相对运动零件的摩擦表面不间断供给润滑油，并有冷却、密封、防锈、清洗作用。

润滑方式主要有 3 种。

（1）压力式润滑。利用机油泵使机油产生一定压力，连续地输送到负荷大、相对运动摩擦的表面进行润滑，如主轴承、连杆轴承和气门摇臂轴等处的润滑。

（2）飞溅式润滑。利用运动零件激溅或喷溅起来的油滴和油雾，润滑外露表面和负荷较小的摩擦面，如凸轮与挺杆、活塞销与销座及连杆小头等处的润滑。

（3）综合式润滑。它是采用压力润滑和飞溅润滑两种方式相结合，分别实现各摩擦表面的润滑。

5. 冷却系统

冷却系统由散热器（水箱）、水泵、风扇、水温调节器等构成。功用是强制冷却受热机件，保证柴油机在最适宜温度下（80~90℃）工作。

冷却系统按冷却水循环方式的不同，一般可分为蒸发式和强制循环式两种。蒸发式冷却通常只用于单缸柴油机的冷却；强制循环式冷却是利用水泵迫使冷却水在水套和散热器之间不断地进行循环达到散热目的。强制循环式冷却方式的工作比较可靠，冷却水循环流动得快，散热能力强，散热器容积小，一般发动机多采用这种冷却方式。

6. 启动系统

启动系统由启动电动机或启动内燃机、传动机构构成。功用是驱动曲轴旋转，实现柴油机启动。

7. 机体组件

机体组件由气缸体、曲轴箱构成。功用是组成柴油机的框架。

8. 柴油发动机的工作原理

（1）单缸四冲程柴油机工作原理。

①进气行程。进气行程的目的是吸入新鲜空气，为燃料燃烧做好准备。活塞在曲柄连杆机构的带动下，由上止点向下止点运动，此时进气门打开，排气门关闭。活塞上方的气缸内的容积逐渐扩大，压力降低，气缸内形成相对"真空"并产生负压，缸内气体压力低于大气压力 68~93kPa。在大气压力的作用下，新鲜空气经进气门被吸入气缸，活塞到达下止点时，进气门关闭，此时曲轴转动角度由 0°~180°，进气行程结束。

②压缩行程。压缩行程的目的是提高气缸内空气的压力和温度，为燃料燃烧创造条件。进气行程终了，活塞到达下止点后开始向上止点运动，此时进、排气门均关闭，气缸内的空气被压缩，压力和温度亦随之升高，当活塞接近上止点时，气缸内空气压力达 3 000~5 000kPa，温度达 500~700℃，远超过柴油的自燃温度。当活塞到达上止点时，气缸内的空气被压缩成最小体积，其压力和温度迅速升高，此时曲轴转动角度由 180°~360°，压缩行程结束。

③做功行程。当活塞上行接近上止点时，喷油器开始将柴油喷入气缸，与空气混合成可燃混合气，并立即自燃，此时，气缸内的压力迅速上升到 6 000~9 000kPa，温度高达 1 800~2 200℃。在高温、高压气体的推力作用下，活塞向下止点运动并带动曲轴旋转而做功。此行程进、排气门均处于关闭状态，曲轴转动角度由 360°~540°，做功行程结束。

④排气行程。排气行程的目的是清除缸内的废气。做功行程结束后，气缸内的燃气已成为废气，其温度下降到 800~900℃，压力下降到 294~392kPa。此时，排气门打开，进气门仍关闭，活塞从下止点向上止点运动，在缸内残存压力和活塞推力的作用下，废气经排气门被排出缸外。当活塞又到上止点时，

排气过程结束,此时曲轴转动角度由 540°~720°。排气过程结束后,排气门关闭,进气门又打开,重复进行下一个循环,周而复始地不断对外做功。

　　柴油机每完成进气、压缩、做功、排气四个行程称为一个工作循环。四冲程柴油机每完成一个工作循环,活塞往复四次,曲轴旋转两圈（720°）。

　　（2）多缸四冲程柴油机工作原理。多缸柴油机具有两个或两个以上的气缸,如四缸柴油机,它由 4 个气缸组成,各缸的活塞连杆都连接在同一根曲轴上。每一个气缸都按照进气、压缩、做功、排气完成工作循环。曲轴每旋转两圈（720°）,各缸都要完成一个工作循环。为保证转速均匀,各缸的做功行程应均匀地分布在 720° 曲轴转角内,做功行程的间隔角为 180°。

（三）底盘

　　拖拉机底盘由传动系统、行走系统、转向系统、制动系统和工作装置等组成。它是拖拉机传递动力的装置,其作用是将发动机的动力传递给驱动轮和工作装置使拖拉机行驶,并完成移动作业或固定作用。这个作用是通过传动系统、行走系统、转向系统、制动系统和工作装置的相互配合、协调工作来实现的,同时它们又构成了拖拉机的骨架和身躯。因此,把上述的四大系统和一大装置统称为底盘。也就是说,在拖拉机的整体中,除发动机和电器设备以外的所有其他系统和装置,统称为拖拉机底盘。

　　1. 传动系统

　　轮式拖拉机传动系统由离合器、变速箱、中央传动、差速器和最终传动系统等组成。手扶拖拉机传动系统由离合器、传动箱（链条形式）、变速箱、左右转向机构和最终传动系统组成。传动系统的功用是传输扭矩、改变行驶速度、方向和牵引力。

　　拖拉机离合器一般由主动部分（包括飞轮、带轮、压盘、主动盘和离合器盖等）、从动部分（包括从动盘、离合器轴）、压紧机构（装在压盘与离合器盖之间的几组螺旋弹簧）和操纵部分（包括分离杠杆、分离轴承、分离爪、轴承盖、离合器拉杆和操纵手柄或踏板）组成。其作用是结合时传递发动机传至变速箱的动力,分离时切断动力,过载保护（超负荷时离合器能够自动打滑）。

　　2. 行走系统

　　轮式拖拉机行走系统由机架、导向轮、驱动轮和前桥组成。手扶拖拉机行走系统由驱动轮和尾轮组成。履带式拖拉机行走系统由机架、驱动轮、支重轮、履带张紧装置、导向轮、托带轮、履带等组成。行走系统的功用是由扭矩转变为驱动力、支撑拖拉机的全部总成部件。

3. 转向系统

轮式拖拉机转向系统由差速器、转向器、转向传动机构组成。手扶拖拉机转向系统由牙嵌式转向机构组成。履带式拖拉机转向系统由转向离合器、操纵机构组成。拖拉机转向系统的功用是使两导向轮相对机体各自偏转一角度，改变和控制拖拉机的行驶方向。

4. 制动系统

轮式拖拉机制动系统由制动器和制动操纵机构组成。手扶拖拉机制动系统由盘式或环形内涨式制动器组成。履带式拖拉机制动系统由单端拉紧式制动器组成。拖拉机制动系统的功用是把驾驶员或其他能源的作用力传给制动器，使制动器产生摩擦力矩，从而迫使驱动轮及行驶轮降低转速、停止转动或单边制动协助转向。手扶拖拉机制动系统的功用除降低转速、停止转动外，还能减小转弯半径。一般轮式拖拉机有两套各自独立的制动系统：一套行走制动系统，一套停车制动系统。前者多用踏板由脚操纵；后者一般用手柄操纵，又称驻车制动器。制动系统由制动器和制动操纵机构两部分组成。

（1）制动器。拖拉机普遍采用摩擦式制动器，按其摩擦表面形状分为带式、蹄式和盘式3种。制动器由旋转元件（如制动鼓、摩擦盘）和制动元件（如制动带、制动蹄、制动压盘）等组成。

（2）制动操纵机构。制动操纵机构有机械式、气压式和液压式3种。机械式操纵机构由制动踏板、传动杆件（拉杆、制动器摇臂）和踏板回位弹簧等组成。气压式操纵机构由制动踏板、制动控制阀、制动气室和管路等组成。

5. 工作装置

工作装置由液压悬挂装置、牵引装置和动力输出装置组成。其功用是输出动力，把拖拉机的动力传递给农具，使拖拉机和农具配合进行各种形式的作业，如田间作业、运输作业和固定作业。

（1）液压悬挂装置。

①组成。液压悬挂装置由液压系统（包括液压泵、液压缸、分配阀、油箱和工作介质等液压元件）、悬挂机构（包括上、下拉杆，左右升降臂及左右提升杆等）和操纵机构（包括操纵手柄和自动控制机构）组成。

②功用。液压悬挂装置的功用是利用液压传动为提升动力，操纵农机具

的提升与降落，自动调节或控制农机具的耕深。

液压系统的主要作用是产生液压动力来提升农具，少数机型兼用转向或制动。悬挂机构的主要作用是悬挂农具、提升农具。操纵机构的主要作用是通过控制液压系统中分配器等液压油流动的方向、压力和流量来操纵农具的提升、下降和中立。

（2）牵引装置。牵引装置由牵引架组成，用双头螺栓固定在后桥壳上。

（3）动力输出装置。动力输出装置包括动力输出轴、驱动带轮、链轮、分动箱等。

（四）电气设备

拖拉机电气设备由电源、用电设备和配电设备三大部分组成。拖拉机电气设备的功用是启动发动机、夜间照明、工作监视、故障报警、自动控制、行驶时提供信号指示等。

1. 电源

拖拉机的电源分交流和直流两种，包括蓄电池和直流发电机或硅整流发电机。手扶拖拉机采用交流发电机；轮式拖拉机和履带式拖拉机普遍采用直流电源，包括蓄电池、硅整流发电机和调节器等。

蓄电池是一种能将化学能转变为电能，又能将电能转变为化学能储存的装置。其功用是在发动机不工作或工作电压低于蓄电池电压时，由蓄电池向各个用电设备供电，如启动、照明、信号等；在用电负荷过大，超过发动机供电能力时，由蓄电池和发电机共同供电；在用电负荷小时，发电机向蓄电池充电，蓄电池将电能储存起来。

2. 用电设备

拖拉机用电设备主要包括启动发动机、喇叭、灯、仪表、指示信号设备和开关等。

3. 配电设备

拖拉机配电设备包括调节器、导线和开关。

（五）拖拉机的工作过程

1. 轮式拖拉机的工作过程

拖拉机能行驶是靠发动机的动力经传动系统，使驱动轮获得驱动扭矩

M_k，获得驱动扭矩的驱动轮再通过轮胎花纹和轮胎表面给地面向后的水平作用力（切线力），而地面对驱动力大小相等、方向相反的水平反作用力 P_k，这个 P_k 反作用力就是推动拖拉机向前行驶的驱动力。当驱动力 P_k 足以克服前后车轮向前滚动阻力和所带农具的牵引阻力时，拖拉机便向前行驶。若将驱动轮支离地面，即驱动力 P_k 等于零，则驱动轮只能原地空转，拖拉机不能行驶；若滚动阻力与牵引阻力之和大于驱动力 P_k 时，拖拉机也不能行驶。由此可见，轮式拖拉机行驶是由驱动扭矩通过驱动轮与地面间的相互作用而实现的，并且驱动力要大于滚动阻力与牵引阻力之和。

2. 履带式拖拉机的工作过程

履带式拖拉机与轮式拖拉机不同，它是通过一条卷绕的环形履带支撑在地面上。履带接触地面，履刺插入土内，驱动轮不接地。驱动轮在驱动扭矩的作用下，通过驱动轮上的轮齿和履带板节销之间的啮合，连续不断地把履带从后方卷起。接地那部分履带给地面一个向后的作用力，地面也相应地给履带一个向前的反作用力，这个反作用 P_k 是推动拖拉机向前行驶的驱动力。轮式拖拉机的驱动力是直接传给行走轮的，而履带式拖拉机不同，它的驱动力 P_k 是通过卷绕在驱动轮上的履带传给驱动轮的轮轴，再由轮轴通过拖拉机的机体传到驱动轮上。当驱动力足以克服滚动阻力和所带农具的牵引阻力时，支重轮就在履带表面上向前滚动，从而使拖拉机向前行驶。由于驱动轮不断地把履带一节一节卷送到前方，再经导向轮将其铺在地面上，因此支重轮就可连续地在用履带铺设的轨道上滚动了。由此可知，履带式拖拉机行驶是由驱动扭矩通过驱动轮使履带与地面间的相互作用而实现的，并且驱动力大于滚动阻力与牵引阻力之和。

三、拖拉机的正确使用

对拖拉机进行正确使用，适时进行维护与保养，不但能保持拖拉机技术状态良好，少出现故障，而且还能延长其使用寿命，发挥拖拉机的最大作用，取得更好的经济效益。

（一）概述

拖拉机在使用过程中受到机械能、热能、化学能等能量的作用，拖拉机的零部件会发生磨损、蚀损、疲劳、断裂、变形、老化等物理化学现象，致使零部件原有尺寸、几何形状和表面质量改变，拖拉机的技术状态下降。所以，在使用过程中，为确保拖拉机的良好技术状态和工作能力，预防零部件加速磨损、损伤和发生故障，必须定期对拖拉机各部分进行清洗、检查、紧固、调整、润滑、添加和更换易损零部件等技术保养。克服"重使用、轻保养"的思想，树立"防重于治，养重于修"的观念，认真执行拖拉机的保养和定期保养制度，结合技术诊断，查明拖拉机的技术状态及排除发现的异常和缺陷，把机械故障消灭在发生之前，防患于未然。

造成农业机械技术状况恶化的原因主要有：零件的自然磨损、零件的腐蚀、零件的疲劳变形和松动、杂物堵塞、使用不正确、管理不善或维修调整不当。

（二）拖拉机正确使用的基本要点

正确启动发动机，启动时油门不宜过大。

发动机的预热温度和工作温度须正常。发动机预热水温达到40℃方可起步；水温达到60℃方可负荷作业。

不应该让发动机长时间怠速运转。

拖拉机接近满负荷但不超负荷作业。

应尽量减少拖拉机各运动件可能受到的附加惯性力或冲击载荷。

冬季应采用合适的方法启动发动机。采取保温措施，尽量缩短发动机预热时间。

驾驶操作时，遵守安全操作规程和道路交通安全法律法规，按照操作规范、安全驾驶。

驾驶操作的基本要领如下。

1. 拖拉机发动机的启动

（1）启动前的准备工作。按规定检查和加注润滑油、燃油和水，观察轮胎气压是否正常，各操纵机构工作是否可靠。

检查各管路接头有无松动，蓄电池容量是否充足，电路是否畅通、可靠，油箱开关是否在开通位置。

新车或停车时间较长，燃油管路中可能存有空气，可用手油泵排除。

踩下制动踏板并锁定（有手刹的可拉紧手刹），将变速杆置于空挡位置。

（2）发动机的启动。

①常温冷车启动。将电门钥匙插入电源开关，顺时针方向旋转，接通电源，再将启动预热开关手柄顺时针方向旋转至"启动"位置即行启动。待启动后，立即将开关手柄退回。

②低温冷车启动。将减压手柄扳到减压位置，逆时针转动启动预热手柄至"预热"位置，预热半分钟左右，立即分离离合器，继续旋转预热启动开关至预热启动位置，扳回减压手柄，启动后立即将开关手柄退回"0"位。

（3）发动机启动后的注意事项。启动后立即调节油门，使发动机低速运转 1~2min，观察发动机的运转情况和各仪表的读数是否正常，正常后，当水温达到40℃以上，油压表达到3~5（kgf/cm²）时，拖拉机方可起步。

2. 拖拉机的起步

拖拉机的起步要抓好 3 个关键：一是油门的大小。二是放松制动踏板的时机。三是油门和离合器的配合。拖拉机起步前应仔细观察周围情况，观察机车周围是否有人员等，机座上方是否有影响机车行进的障碍物，后方有无来车，然后打开左侧转向灯，鸣喇叭示意。拖拉机起步操作方法是先用右脚踩下制动器踏板（有手刹的可拉紧手刹），左脚将离合器踩到底，把变速挡准确挂入低速挡，然后，右脚前掌徐徐踩下油门，左脚缓慢放开离合器踏板，到发动机声音有变化或车身稍有抖动（离合器刚刚开始结合）时，迅速抬起右脚跟放开制动踏板（有手刹车的迅速松开手刹车），再稍稍踩下油门的同时左脚继续缓慢松开离合器踏板，随后完全松开离合器踏板。这样就可以使拖拉机平稳起步，驶入正常车道后关闭左转向灯。这里关键在于左脚与右脚的配合。应注意结合离合器的过程应先快（即空行程时）后慢（即开始结合直至完全结合时），起步时不能猛抬离合器，应该缓慢松开离合器踏板，也就是离合器结合要慢分离要快。驾驶操作中，不要经常把脚放在离合器踏板上，这样，可以避免离合器发生半联动状态，以免离合器摩擦片早期磨损。

手扶拖拉机起步时，不准在松离合器手柄同时，分离一侧转向手柄。

3. 拖拉机变换挡位

拖拉机在行驶中，随着环境条件的变化，需要不断地改变行驶速度，能否及时、准确、迅速地换挡，对延长机车的使用寿命，保证拖拉机平稳地行驶、节约燃油都有很大关系。

（1）挡位的选用。变换挡位实际上就是改变发动机的转速与传动轴的转速比，挡位越低，速比越大，扭矩和牵引力也越大。反之，挡位越高而获得的扭矩和牵引力就越小。

拖拉机在行驶中，当运动阻力增大需要牵引力大的情况时（如上坡、田间作业重负荷等），应选用低速挡。一挡、二挡可用于临时超负荷。例如，上下坡时应选用低速挡，保持车速均匀，中途禁止换挡，以免操作不当引起下滑。但低速挡车速低，发动机转速高，升温较快，燃油消耗大。所以，低速行驶时间应尽量短。中速挡是由低到高或由高到低时的过渡挡位，通常在转弯、过桥、道路不平坦情况下或通过有困难时选用。在路面条件较好、无障碍、发动机有足够功率时应选用高速挡。高速挡行驶速度快，节约油料，但必须确保安全。

（2）低速挡换高速挡的操作。先加油，以提高车速。

抬油门，踏下离合器踏板，将变速杆放置空挡位置。

结合离合器，再分离离合器并迅速将变速杆换入高一挡位。

平稳加油，换挡完毕。

（3）高速挡换低速挡的操作。减小油门，分离离合器，将变速杆置于空挡位置。

结合离合器，加空油。

迅速踏下离合器踏板，将变速杆换入低一级挡位，结合离合器，平稳加油，换挡完毕高速挡换低速挡的关键是掌握好加空油的大小程度，这要根据车速来定，换同一挡位，车速快时，空油要多加，反之则少加。车速很慢时，也可不加空油。

（4）田间重负荷作业的换挡操作。应停车换挡，即在分离离合器的同时减小油门。

摘挡并随即换到需要的挡位。

加油随即结合离合器。

在耕地时为减小因换挡起步时的过负荷，可以采用：①停车后挂倒挡，使机组倒出约 0.5m；②再分离离合器换入所需挡位；③在结合离合器的同时加大油门，使机组平稳前进。

（5）换挡注意事项。换挡时应精力集中，两眼注视前方，一手握方向盘，另一手握变速杆，轻轻推入所需挡位，不得左顾右盼或低头看变速杆，对变速杆不得强推硬拉，以免损坏啮合齿轮。

变速应逐级进行，不得超越挡位。

变换前进或倒退方向时，应在机车停稳后，方可换挡。

4. 拖拉机转弯

拖拉机转弯时，要看清楚是否有不准转弯的标志。在转弯掉头时，应在距离转弯路口或其他转弯处30~100m的地方减速慢行，同时打开转向灯。做到"一慢、二看、三鸣号、四转弯"，转弯前要看清前、后、左、右的车辆、行人动向，在确保安全的情况下方可转弯；在农田转弯掉头时，应观察田埂、沟渠，低速转弯，不可大意。

（1）轮式拖拉机的转弯操作。转缓弯时，应早转慢打方向盘，少打少回，转急弯时要晚打快打方向盘，多打多回。另外，转弯时不要太靠近内侧，应根据弯度大小和路边障碍的距离适当转动方向盘，使内侧后轮能顺利通过，防止前轮通过后轮越出路面。拖拉机拖带挂车时，不得转弯过度，以免拖拉机后轮和挂车的三脚架相刮。

（2）手扶拖拉机转弯操作。

①上坡转弯。应采用间断捏动转向手柄的方法来实现转向。向右转时，捏右转向手柄；向左转时，捏左转向手柄。带尾轮的手扶拖拉机同时配合使用尾轮进行转向。

②下坡转向。一般情况下采用反向操作方法实现转向，但坡度较小而较长时、用低速下坡，可不必采用反向操作，带尾轮的手扶拖拉机利用尾轮进行转向；坡度大时，用小油门，降低车速，利用反方向操作，即向右转时，捏左转向手柄；向左转时，捏右转向手柄。带尾轮的手扶拖拉机配合使用尾轮操纵。

③连续转弯。要按照不同弯路的具体情况，采取相应的驾驶操纵方法转弯，在通过第一个弯道时随即考虑第二个弯道情况，避免错过转弯的时机。

5. 拖拉机倒车

倒车与前进相比，死角非常多，操作也困难，在任何时候都应该认真地进行安全确认。

拖拉机倒车前认真观察拖拉机四周情况，必要时下车确认。倒车时，要利用倒车镜，保持思想集中，采用低挡小油门，以远处的物体做参照物，对准目标，以便倒退的过程中及早发现偏差，并及时调整方向盘进行修正。而且必须前后兼顾，密切注意有无人员和障碍物，并随时做好停车准备。首先应保证有足够的倒车空间。拖拉机在倒车转弯时若需改变方向，应使转向盘的转动方向与所要转的方向一致，使正在按原方向转弯的车头的转弯半径小于挂车的转弯半径，挂车即可改变方向。当挂车转向后将转向盘回正，使车头与挂车同向实现直线倒车。

6. 拖拉机制动

拖拉机制动时应先减小油门，用发动机制动，降低车速，而后依次踩下离合器踏板和制动器踏板。拖拉机制动按其性质分为预见性制动和紧急制动两种。

（1）预见性制动。它是根据地形、环境等情况提前做出判断，有准备地减速和停车，其方法是减小油门，用发动机制动减低车速。必要时，同时用制动器间歇制动，待车速降低到一定程度后，再分离离合器，用制动器制动停车。

（2）紧急制动。遇到特殊情况时使用，这时应迅速踩下制动踏板，随即分离离合器，达到在较短距离内停车。紧急制动时，切忌先踩下离合器踏板。

7. 拖拉机停车

暂短停车时，可将离合器和制动器踏板同时踏下，便可实现临时停车。较长时间停车时，踏下离合器和制动器踏板后，再将制动器踏板锁定，有手刹车的拉紧手刹，发动机熄火。停车时，注意先减小油门，降低行驶速度。再踏下离合器踏板，将变速杆放置空挡位置，踏下制动器踏板，实现安全停车。下车后，可用石头或砖头将车轮抵住，以防拖拉机后滑。

第二节　拖拉机主要机构和部位的检查调整

拖拉机在使用过程中，经常受到震动、冲击和负荷不均匀等因素的影响，各个运动部件都会出现不同程度的磨损或偏差，各个连接部位也会出现松动，所以应该及时检查并进行适当的调整。必要的检查和适当的调整不仅能恢复拖拉机技术状况，还可以达到高效安全的使用效果。

拖拉机的主要调整大体包括以下几个部位：分别是发动机、底盘和液压悬挂系统。

一、发动机主要部位的检查调整

拖拉机发动机都是柴油机，其主要调整部位包括：气门间隙的调整、供油提前角的调整、机油压力的调整等。

（一）气门间隙的调整

气门间隙是指拖拉机发动机气门关闭时，气门杆尾端与摇臂间的间隙。其作用是为配气机构的零件留受热膨胀余地。气门间隙过大或过小都会造成发动机工作不良，功率下降。所以在拖拉机的使用中，必须定期检查和调整气门间隙。各种型号发动机的气门间隙（具体数值）要随使用说明书进行调整。

发动机每个缸上气门的位置都是按照前后顺序排列的。调整气门的间隙可以用两次调整法，一般步骤是：

先要找准第一缸上的压缩上止点位置，方法是：转动曲轴，观察飞轮边上的上止点记号，当"0"刻度对准飞轮壳上的指针时，就是第一缸或第四缸的压缩上止点。

判断第一缸压缩上止点的方法：通常是观察第二缸的排气门是否打开和第一缸的进排气门是否关闭，如果第二缸的排气门是打开状态而第一缸的进排气门是关闭状态，那么曲轴就处在第一缸压缩上止点位置；反过来，如果第二缸的进气门打开而第四缸的进排气门关闭，那么曲轴就处于第四缸压缩上止点位置。对于六缸柴油机来讲，就要观察第一缸或第六缸的进排气门是否关闭。

1. 第一次调整

在第一缸的压缩上止点位置，从前到后按顺序调整。

三缸柴油机可调整第 1、第 2、第 5 共 3 个气门的间隙。

四缸柴油机可调整第 1、第 2、第 3、第 6 共 4 个气门的间隙。

六缸柴油机可调整第 1、第 2、第 3、第 6、第 7、第 10 共 6 个气门的间隙。

调整时先松开锁紧螺母，将塞尺（厚薄规）插入气门杆与摇臂之间，慢慢拧紧调整螺栓使塞尺被轻轻压住，缓慢来回拉动直到发涩为止，此时将锁紧螺母拧紧，最后再用塞尺复查一次。

2. 第二次调整

按柴油机的旋转方向，摇转曲轴半圈，用同样的方法调整第二缸的气门间隙。两缸都调整完以后再重新检查一次。

三缸柴油机，就要转动曲轴 240°，由前向后数，调整第 3、第 4、第 6 共 3 个气门的间隙。

四缸柴油机，需要转动曲轴一圈，由前向后数，调整第 4、第 5、第 7、第 8 共 4 个气门的间隙。

六缸柴油机，也要转动曲轴一圈，由前向后数，调整第 4、第 5、第 8、第 9、第 11、第 12 共 6 个气门的间隙。

另外，如果是两缸柴油机：先转动曲轴，使第一缸活塞处于压缩上止点位置，这时，飞轮上刻线对准飞轮壳检测窗上的刻线。调整第一缸的两个气门间隙。用塞尺（厚薄规）分别塞入进气和排气的摇臂头部和气门杆之间，调整气门间隙合适以后，将锁紧螺母锁紧（第一次调整）；然后再顺转曲轴半圈，当第二缸处于压缩行程时，用同样的方法，调整第二缸的进排气门间隙（第二次调整）。

（二）供油提前角的调整

柴油机供油提前角是指从喷油泵柱塞开始供油的瞬间，至活塞到达上止点为止的曲柄转角。供油提前角是由喷油泵的凸轮轴相对于曲轴位置确定的。供油提前角过大或过小均会导致柴油机工作性能不良，功率下降。所以在柴油机的使用和检修中，必须按规定调整供油提前角大小。

供油提前角的调整也称喷油泵供油正时的调整，其调整方法一般有下列3种。

1. 转动凸轮法

各种类型柴油机不论是安装凸轮的凸轮轴或是带有凸轮的凸轮轴与曲轴按固定速比传动；无论是齿轮传动或是链传动，只要改变两轴的相位，即改变了燃油凸轮的相位，喷油泵的供油正时也发生改变。对于整体式凸轮轴（小型柴油机）调节整机的供油正时可松脱油泵凸轮轴连接法兰盘，转好调节角度后再重新连接。其规律是：凸轮轴相对曲轴转动方向超前时，供油提前；反之则滞后。对于装配式凸轮轴（大中型柴油机），调节单缸的供油正时的同时，可直接转动燃油凸轮的安装相位。

2. 升（降）柱塞法

此法多用于小型柴油机回油孔调节式喷油泵。柱塞上升时供油正时提前；反之则滞后。柱塞的升降是通过调节顶动柱塞的顶头高度来实现的；在顶头上装有调节螺钉，螺钉的旋入或旋出即改变了顶头的高度，调节前后需松动或紧固并锁紧螺母。

3. 升（降）套筒法

此法多用于大中型柴油机回油孔调节式喷油泵。套筒上升时供油正时滞后；反之则提前。套筒升降有3种途径：一是套筒上端设有一组调节垫片，减少垫片即降低套筒，供油正时提前；二是在泵体下端设置多个调节垫片，增加垫片使套筒升高，则供油正时滞后；三是在套筒下部设螺旋套，用正时齿条拉动使套筒升降。

上述3种供油正时的调整方法中，均未改变柱塞的有效行程。这是供油正时调节的基本原则。但它们对凸轮有效工作段的影响不同：转动凸轮法未改变凸轮的有效工作段，而柱塞及套筒升降法均相应改变了凸轮的有效工作段。

（三）机油压力的调整

发动机机油压力过低，供油数量不足，影响润滑油膜的形成，增大机件的磨损，严重时可能因缺油引起烧瓦、拉缸等；机油压力过高，容易引起油管接头、滤清器各连接密封处漏油。发动机润滑系统的机油压力过低或过高，对发动机的使用寿命产生重要影响，因而必须对机油压力调整到合适的范围。

调整方法：当柴油机运转一段时间以后，也就是机油温度在80℃左右时。

松开机油滤清器侧面的紧固螺母，旋动调压螺钉，达到要求以后，拧紧紧固螺母。发动机工作时，机油压力一般应保持在 150~350kPa 的压力范围内。

二、拖拉机底盘主要部位的检查调整

拖拉机底盘调整主要包括：离合器的调整、传动箱的调整、行走转向系统的调整等。

（一）离合器的调整

拖拉机在工作中，随着离合器使用次数的增加，离合器传动机构会发生磨损，离合器摩擦片也会因磨损而变薄，使离合器主、从动部分摩擦力减弱，造成离合器在传递转矩过程中出现发抖、打滑、分离不彻底等故障，影响车辆的正常使用。因此，离合器使用过一段时间后要根据需要进行调整，适当的调整可以有效地减少离合器的损坏，增大使用功效，延长使用期。离合器的调整有两项。

1. 离合器自由行程的调整方法

先松开螺母，拆下连接销，转动离合器推杆调整叉，使离合器推杆长度保证在 4~7mm，保证离合器踏板上的自由行程应在 30~40mm。调整合适以后插好连接销，拧紧螺母。

2. 离合器调整的另一项是工作行程的调整方法

松开限位螺钉的紧锁螺母，增减限位螺钉的外露长度，保证单作用离合器的工作行程在 26~36mm 范围内。如果是双作用离合器，那么它的工作行程应当控制在 35~45mm 范围内。最后拧紧限位螺钉的锁紧螺母。

（二）拖拉机行走转向系统的调整

拖拉机行走转向系统调整包括：转向器的调整、制动器的调整、前桥的调整等几个方面。

1. 转向器的调整

拖拉机转向器是拖拉机的重要部件，拖拉机经过一个阶段的使用，转向系统机件旷量会渐渐增大，导致方向盘自由行程过大或转动受阻，甚至方向盘失灵，进而引发农机安全事故。因此，要定期对转向器进行必要的检修和调整。

拖拉机的转向器分为球面蜗杆转向器和循环球式转向器两种。

（1）球面蜗杆转向器的调整。调整球面蜗杆转向器时，将右侧的转向摇臂轴调整螺母拧下，转动调整螺钉，顺时针转动，使方向盘旷量减小。反过来，逆时针转动，使方向盘旷量增大。

（2）循环球式转向器的调整。循环球式转向器的两球头销与转向螺母锥孔间的间隙是通过调整垫片来调整的，调整好以后，将螺钉拧紧，并将螺钉头部铆入球头销端面槽中以防松动。

调整转向螺杆的轴向间隙时，应该将滚珠上座拧紧后退回 1/6~1/4 转。

2. 制动器的调整

制动器是拖拉机非常重要的部件，拖拉机在工作中，制动器使用比较频繁，制动器摩擦片也会逐渐磨损，使制动间隙变大，造成刹车不灵。为确保行车和作业安全，应定期对制动器进行必要的检查和调整。

制动器的调整方法：拆下凸轮摇臂和拉杆调节叉的连接销，松开调节叉锁紧螺母，拧动拉杆调节叉进行调整，调整后的拉杆长度应该使左右制动器能同时制动，并保证左右踏板顶端的自由行程为 20~40mm。

3. 前桥的调整

对拖拉机前桥定期进行检查和调整，既可避免和减少一些故障的发生，也可减少机件的磨损，从而延长拖拉机的使用寿命。

松开横拉杆两端的锁紧螺母转动横拉杆，改变横拉杆的长度，使两前轮中心线在水平平面内前端比后端小 3~11mm，调整后，紧固横拉杆两端的锁紧螺母。

拆下轴承盖和开口销，拧紧螺母，到阻力矩开始增加时停止，将螺母退回 1/8~1/3 转，插上开口销，将螺母锁紧。

三、液压悬挂系统主要部位的检查调整

液压悬挂系统的调整部位主要是提升器的调整。提升器是拖拉机液压悬挂系统重要的组成部分，它是利用液体压力提升并维持农机具处于不同位置的悬挂装置，提升器的调整得当与否，直接影响农机具的作业质量。

（一）提升器的调整

农机具提升下降：将手柄推到提升位置，此时，农具开始提升。农具达到最高位置后，手柄自动回到中立位置。将手柄推到下降位置，手立即离开（松开）手柄，此时，农具开始下降。农具到达最低位置后，手柄自动回到中立位置。农具下降速度的快慢，可通过旋转提升器上的调节杆调节。调节杆右旋，下降速度减慢；调节杆左旋，则下降速度加快。

（二）小四轮拖拉机液压悬挂系统的调整

调整拖拉机左右斜拉杆长度，以保证农具机架水平。

耕地时，拖拉机右轮在犁沟里行驶，左轮在未耕地上行驶，所以右斜拉杆长度应比左斜拉杆的长度短一犁沟深度的尺寸。调整上拉杆长度，保证农具前后耕深一致。

带支地轮的悬挂农具工作时，提升手柄放在下降位置，靠支地轮沿地面仿形而保证耕深。调整限位链，以防农具在工作中左右摆动过大而碰到后轮。

悬挂农具行驶时，就缩短拉杆，以使农具提升到最高位置，保证离地间隙，然后用锁紧轴手柄将农具锁定在运输位置，以避免因农具震动使液压油缸受到冲击。

锁定农具前应使农具完全提升，然后把锁紧轴手柄扳到锁定位置，再把提升手柄放到下降位置，使油缸卸荷。松开锁紧轴时，必须把提升手柄扳到提升位置，等农具升到提升位置时方可转动提升轴。

第三节 拖拉机安全操作规程及使用注意事项

一、驾驶操作资格

1. 驾驶操作人员

拖拉机驾驶操作人员，应经过由农机部门或生产等有关部门组织的技能培训和安全教育。

参加培训的驾驶操作人员，经农机安全监理机构考试合格，取得相应机型的拖拉机驾驶证，驾驶证应当在有效期内。

2. 拖拉机

拖拉机应按规定在农机安全监理机构办理注册登记，领取拖拉机号牌、行驶证，并按规定悬挂号牌，随机携带行驶证。

领有号牌、行驶证的拖拉机应按规定参加农机监理机构年度安全技术检验并合格。

二、作业前准备工作

1. 作业人员

作业前，应详细阅读拖拉机使用说明书，熟悉安全注意事项和安全警示标记的含义。

拖拉机投入作业前，应按使用说明书进行检查和保养，确保机械技术状态完好，符合农业机械运行安全技术条件（GB 1615.1—2008）的规定。

衣着不得妨碍驾驶操作，衣扣需系紧，不准赤足、穿拖鞋，女性驾驶人发辫不应外露。

作业前应勘察道路和作业场地、清除障碍，必要时应在障碍、危险处设置明显标志。

非作业人员不应进入作业区。

2.驾驶操作人员禁止行为

驾驶操作与驾驶证准驾机型不相符的拖拉机。

驾驶操作未按照规定登记、检验或者检验不合格的拖拉机。

将拖拉机交给无证人员驾驶操作。

携带不满 16 周岁的未成年人上机作业。

饮酒或服用国家管制的精神药品、麻醉药品后驾驶操作拖拉机。

患有妨碍安全驾驶的疾病驾驶操作拖拉机。

驾驶操作拖拉机时吸烟、饮食、闲谈、接打电话或有其他妨碍安全驾驶操作的行为。

3.拖拉机禁用

封存、报废和技术状态达不到安全要求的。

非法制造、拼装、改型或国家实行安全认证的拖拉机没有通过安全认证的。

安全销、安全链、防护网、防护罩等安全设施不全或不可靠的。

转向与制动系统工作不良的。

离合器结合与分离不良的。

发动机、传动部分有明显杂音或其他不正常现象的。

各部件联结松动、损坏的。

配套机具缺件、变形以及工作部件安装不正确及调节装置失灵的。

未配备有效的消防器材，夜间无安全可靠的照明设备的。

三、安全操作规程及使用注意事项

1.启动

启动时,必须将变速器置于空挡位置;动力机组离合器手柄置于分离位置。手摇启动,要紧握摇把,站立位置和姿势要正确,发动机启动后,应立即取出摇把。

绳索启动,绳索不准缠在手上,身后不准站人;人体应避开启动轮回转面。启动机启动后,空转时间不得超过 5min,满负荷时间不得超过 15min。

电动机启动,每次连续启动时间不超过 5s,一次不能启动发动机时,应间隔 2~3min 再启动,启动 3 次仍不能启动,要查明原因,排除故障后方可再启动。

严禁用金属件直接打火启动。

严禁用溜坡或向进气管道中注入汽油等非正常方式启动。

严冬季节启动前应加热水预热，不可骤加沸水，严禁无水启动和明火烤车。

主机启动后要低速运转 3~5min，观察各仪表读数是否正常，检查有无漏水、漏油、漏电、漏气现象，倾听有无异常声音。

2. 起步

拖拉机发动机启动后必须空转预热，达到规定的水温和油温，待运转正常后方可起步和逐渐增加负荷。

起步或者传递动力前，必须观察周围情况，及时发出信号，确认安全后方可进行。

起步或传递动力时，必须缓慢结合离合器，逐渐加大油门。

手扶拖拉机起步时，不准在松放离合器手柄的同时，分离一侧转向手。

驾驶室内不准超员乘坐，不准放置有碍作业的物品。手扶拖拉机驾驶座位以及脚踏板上严禁乘坐或站立其他人员。

拖拉机挂接的农具上除设有工作座位（或踏板）供额定的操作人员在田间作业时乘坐（站）外，其他任何部位和任何情况下，严禁乘坐（站）人员，也不得擅自增设座位或踏板。

驾驶操作人与辅助作业人员之间应设置联系信号。

3. 行驶

道路行驶中应遵守道路交通安全法律法规的规定。

拖拉机行驶中，不准将脚踏在离合器踏板上，不准用离合器控制车速，不准分离离合器停车且不摘挡而与别人谈话或者做其他事。

严禁双手脱把或者用脚操纵手扶拖拉机。

挂车装载应均衡，不能偏向一侧，也不能过于偏前和偏后。

轮式拖拉机左右制动踏板必须连锁牢固，防止单边制动。

严禁用改变发动机的额定转速和拖拉机的传动比等方法提高行驶速度。

严禁高速急转弯。

运输作业，一辆拖拉机只准牵引一辆挂车，严禁从事客运和人货混装。

不准装运危险、剧毒物品。

运输棉花、秸秆等易燃品时，严禁烟火，并有防火措施。

运输大件物品、机具，须有防滑移措施。

　　拖拉机牵引损坏车辆时，须遵守下列规定：①一台拖拉机只准牵引一辆挂车，低速行驶，禁止其后再挂接农具或者挂车（不含手扶拖拉机）；②被牵引车辆的转向，制动必须有效，夜间要有灯光信号设备；③牵引时采用硬连结方式；④同一类型的拖拉机可以互相牵引、小型拖拉机不得牵引大中型拖拉机，轮式拖拉机不得牵引履带式拖拉机。

　　通过铁路道口，应遵守下列规定：①驾驶操作人员必须听从道口管理人员的指挥；②通过设有道口信号装置的铁道口时，要遵守道口信号的规定；③通过没有道口信号装置的无人看守道口时，必须停车瞭望，确认两端均无火车开来时，方准通行。提前挂上低速挡通过，正在通过铁路时严禁变换挡。

　　上、下坡行驶时不准曲线行驶、急转弯和横坡掉头，上陡坡不准换挡，下坡不准熄火或空挡滑行；坡路上必须停车时须锁定制动踏板（新式拖拉机应拉紧手刹车）或采取可靠防滑措施。

　　通过河流、洼塘时检查河床的坚实性和水的深度，确认安全后，方可通行。并采用中低挡通过，不准中途变速或停车。

　　冰雪道路行驶时不准高速行驶、急转弯、急刹车，不准在上下坡时换挡，与同方向行驶车辆保持安全距离。

　　4. 田间作业

　　作业人员工作时应坚守岗位、集中精力，经常观察机组以及作业区内有无异常情况，不得闲谈、打闹或者做其他有碍驾驶、操作的动作。

　　作业时人体不准接触运转部位，禁止从传动带以及传动轴上、下方穿越，行驶中严禁追随、攀登或跳车。

　　作业时，禁止对机组进行保养、调整、紧固、注油、换件、检修、清理和排除故障等项工作。

　　发动机冷却水沸腾时，不准立即打开散热器盖，骤加冷水，应卸去负荷，低速运转，待水温下降后，方可打开水箱盖添加冷水。

　　发动机发生"飞车"时，不准卸掉负荷，应立即采用切断气、油路等有效措施强行熄火。

　　发动机不准长时间怠速运转和超负荷作业。

　　拖拉机在作业中出现翘头时，应立即减小油门，分离离合器，减轻负荷，防止纵向翻车。

　　拖拉机牵引（悬挂）农具以及履带式拖拉机通过村镇和危险地段，必须有专人护行、不准高速行驶，不准行人追随攀登。

使用悬挂农具时，须遵守下列规定：①拖拉机挂接农具时，驾驶操作人员必须听从挂接人员的指挥，挂接人员必须等车停稳后方可挂接农具；②拖拉机与农具挂接后，应插好安全销，调整限位链，下拉杆后端的横向摆动不得过大，悬挂农具挂接后还应检查升降是否灵活；③起步要平稳，转弯时须减速，不准操作过猛；④作业时，分置式液压操纵手柄必须放在"浮动"位置，禁止放在"压降"位置，对于半分置式及整体式液压装置，应根据土壤比阻和地表情况，正确使用位调节手柄和力调节手柄；⑤地头转弯或过沟埂时，应将农具升到最高位置；⑥越过高埂或者上陡坡时，应根据地形提前挂上低速挡，认真观察周围情况，并发出信号，确认安全后行驶，必要时要有专人指挥；⑦升起农具排除故障或更换零件时须将其支撑牢靠；⑧机具不准悬挂停放；⑨远距离转移地块时，除应将农具升到最高位置外，还必须调短上拉杆，同时用定位阀定位，并用锁紧装置将农具固定。

使用动力输出轴时，必须遵守下列规定：①动力输出轴与农具间的万向节须设防护罩；②在挂非独立式和半独立式传动时，须先将变速杆放在空挡位置，然后结合动力输出轴挡位；③使用同步式动力输出轴挂倒挡前，应先分离动力输出轴；④检查农具或发动机熄火时，须先将动力输出轴动力切断。

作业中，发生下列情况之一者应立即停机：①发生机械故障；②拖拉机转向、制动机构突然失灵；③机组有异声、异味、机油压力突然下降或者升高等不正常现象；④机组发生强烈震动；⑤发动机"飞车"；⑥夜间作业，照明设备发生故障。

5. 停机

拖拉机停机前，应先卸去负荷，低速运转数分钟后方可停机，不准在满负荷工作时骤然停机。

拖拉机停机应选好停车点，停车后要锁定刹车，放下悬挂农具；发动机熄火后，要关闭电源，取走钥匙。

发动机熄火后，停放地点气温低于 0℃ 时，冷却系统未加防冻液的必须待水温降到 70℃ 以下时，放尽冷却水。严冬季节停机，必要时应趁热将润滑油放出。

6. 技术维护

应按使用说明书技术保养规程进行技术维护。

技术保养前，必须使发动机熄火，带有悬挂农具时，应将农具落地。

技术较复杂的保养必须在室内进行，室内应通风良好。

清理杂草冲洗污泥，保证各部件外表清洁、干燥。

技术维护完毕，应及时清点工具和零件，并试车检查全机技术状况。

出车前后应重点检查：①牵引插销的保险销是否插牢，保险链是否装好，牵引架是否牢固，连接销是否严重松动；②方向盘中心销锁定螺母是否有松动现象；③制动装置杆件是否连接可靠，制动气（油）管路是否接牢，有无漏气（油）现象；④轮胎气压是否符合规定；⑤各紧固螺栓和螺母（特别是轮胎、钢板弹簧处）是否松动；防护网及其他安全标志是否紧固，后灯、制动灯及转向灯是否发亮。

7. 入库

放净柴油、润滑油和冷却水，卸下蓄电瓶和三角皮带。

正确调整轮毂轴承、方向盘(同时润滑)及轮胎气压,必要时进行轮胎换位。

对全车进行涂（喷）漆或补漆。车架、车身、轮辋等金属表面涂（补）漆前应除锈。

将车架垫起，使轮胎离地面 5~10cm，露天存放要严密遮盖。

第四节　拖拉机技术维护保养与技术诊断

一、拖拉机技术维护与保养

拖拉机在工作一定时间后由于自然因素作用，某些零件会因松动、磨损、腐蚀、振动及负荷的变化，导致机车功率下降、工效降低、耗油增加、各部件失调。因此，必须定期对机车各部件进行系统维护。

（一）概述

拖拉机的技术维护保养就是指在拖拉机的使用过程中，定期施行一系列保持机械处于正常技术状况，延长其使用寿命的预防性维护措施。也就是说，定期对拖拉机各部分进行清洁、检查、润滑、紧固、调整或更换某些零件等一系列技术维护措施，总称为技术保养。做好技术保养工作，可以减缓各零部件技术状态恶化的速度，减少故障，延长使用寿命，确保拖拉机经常在良好的状态下工作。

1. 拖拉机或农业机械技术状况完好的基本标准

拖拉机或农业机械技术状况完好的基本标准主要有：技术性能良好，各部的调整间隙正常，润滑周到，各部紧固牢固，内外干净、全机三不漏，机件完好无缺，随车工具齐全。

2. 造成机械技术状况恶化的原因

造成拖拉机或农业机械技术状况恶化的原因主要有：零件的自然磨损，零件的腐蚀，零件的疲劳变形和松动，杂物堵塞，管理不善或维修调整不当。

（1）零件的自然磨损。它是指各组合件在摩擦过程中所产生的尺寸、形状、表面质量及材料的物理性能变化的现象。

（2）零件的摩擦磨损。它是指零件相对运动时，其接触表面相互摩擦而产生的磨损。

（3）零件的腐蚀。它是指金属零件与周围介质发生化学作用而造成金属成分和机械性质的改变。

（4）零件的磨损规律可分为 3 个阶段。一是零件的磨合期；二是零件的正常工作时期；三是零件的加速磨损时期。

3. 保证机械技术状况完好的措施

保证机械技术状况完好的措施有：正确的操作；定期的保养；适时的维修；妥善的保管。

4. 维护保养的主要内容

拖拉机技术保养周期按照累计工作小时数，分为每班技术保养（每工作 10h）、每工作 50h 技术保养、每工作 200h 技术保养、每工作 400h 技术保养、每工作 800h 技术保养、每工作 1 600h 技术保养、冬季特殊维护保养、长期存放期技术保养。

（二）拖拉机技术维护的基本要点

搞好基础性保养（清洁、紧固和润滑），加强三滤的保养（拖拉机上的空气滤清器、燃油滤清器和机油滤清器通称为三滤）。一是根据工作时间和作业环境，定期保养空气滤清器。二是根据工作时间按期更换机油，平时检查添加机油，保证摩擦部位具有良好的润滑。三是注意清洗冷却系统水垢，冷却水添加充足，使发动机经常保持正常的工作温度。

认真做好拖拉机的三滤保养非常重要，可以减轻主要零部件的磨损，让发动机处于良好的技术状况，从而延长机械的使用寿命。

（三）定期技术维护保养

1. 每班技术保养

清除拖拉机上的尘土和油污。

清除空气滤清器集尘盒中的灰尘，并清除进气管附着的灰尘。（如果作业环境恶劣，要随时清除）。

检查并紧固拖拉机外部各紧固件，发现松动应及时拧紧，尤其是前、后轮的紧固螺母。

检查发动机油底壳、水箱、燃油箱、液压转向油箱、行驶制动器油箱、液压提升器的液面高度，不足时添加。检查油底壳油面时，须将拖拉机停放在水平的地面上，在发动机停止工作 15min 后进行。

加注润滑脂。

检查前、后轮胎气压，不足时按规定充气。

检查调整主、副离合器和行驶制动器踏板的自由行程。

检查拖拉机有无漏气、漏油、漏水等现象，如有"三漏"应排除。

2. 每工作 50h 技术保养

完成每班技术保养的全部内容。

加注润滑脂。

取下空气滤清器的油盘，取出滤芯，用清洁的柴油把滤芯彻底清洗干净后用压缩空气吹净，如果油盘内的机油变脏必须更换新机油；检查油浴式空气滤清器油面并除尘（如作业环境恶劣，要随时清除）。

3. 每工作 200h 技术保养

完成每工作 50h 技术保养的全部内容。

更换柴油发动机油底壳机油，保养机油滤清器，清洗或更换机油滤芯。

对油浴式空气滤清器油盆清洗保养。

清洗提升器液压油滤清器，必要时更换滤芯。

4. 每工作 400h 技术保养

完成每工作 200h 技术保养的全部内容。

加注润滑脂。

清洗柴油滤清器，更换柴油滤芯。

检查前驱动桥中央传动、末端传动油面高度，必要时添加。

检查传动系统及提升器的油面高度，必要时添加。

检查离合器、制动器的踏板自由行程是否在规定范围内，不符合标准需调整。

检查驻车制动器手柄自由行程，必要时调整。

清洗保养液压转向油箱滤清器。

5. 每工作 800h 技术保养

完成每工作 400h 技术保养的全部内容。

更换液压转向系统液压用油。

更换传动系统和提升器液压用油。

检查调整柴油发动机气门间隙。

检查调整喷油泵喷油压力。

检查前轮前束、前轮轴承间隙、转向节主轴固定螺母和横拉杆固定螺母，必要时予以调整。

对燃油箱进行清洗保养。

6. 每工作 1 600h 技术保养

完成每工作 800h 技术保养的全部内容。

对柴油发动机冷却系统进行清洗保养。

更换前驱动桥中央传动和最终传动润滑油。

对启动电动机进行检查、调整、维护和保养。

7. 冬季特殊维护保养换用冬季润滑油和燃油。

冬季气温低于 0℃时，必须使用防冻液。

每班工作开始，应按发动机冬季启动要求进行启动。

蓄电池放电率冬季不得超过 25%，应经常保持较高的充电率。

（四）拖拉机及农机具休闲期存放

拖拉机及农机具休闲期应做到以下"五防"。

1. 防锈蚀

农业机械在田间作业完毕后，必须清除外部泥垢，清理工作机构内的种子、化肥、农药和作物残株，必要时用水或油清洗。

清洗各润滑部位，并重新进行润滑，对所有摩擦工作面，如犁铧、犁壁、开沟器、锄铲等必须擦净后涂机油防锈，最好贴纸，以减少与空气接触的机会。

复杂精密的机具最好放在阴凉、干燥、通风的室内保管；对犁、耙、镇压器等简单机具，可以露天保管，但要放在地势较高，干燥，不受阳光直射的地方，最好能搭棚遮盖；凡与地面直接接触的零件，应用木板或砖支起；脱落的防护漆要重新涂好。

2. 防腐朽、霉烂

纺织品类，如帆布输送带，存放不当易霉烂。这类制品不应在露天放置，应该拆下清洗晒干后，存放在室内干燥和能防虫、防鼠害的地方。

3. 防老化

橡胶或塑料制品由于受空气中的氧和阳光中的紫外线作用，易老化变质，使橡胶件的弹性变差和容易折断。对橡胶件的保管，最好用热的石蜡油涂在橡胶表面，一定要放在室内的架子上，用纸将其盖好，保持通风、干燥及不受阳光直射。

4. 防变形

弹簧、传动带、长刀杆、轮胎等零件由于长期受力或放置不当会产生塑性变形，为此应在机架下面加以适当的支撑；使轮胎不承受负载；机械上的所有压紧或拉开的弹簧必须放松；拆下传动带在室内妥善保管；有些拆下的易变形零件如长刀杆要放平或垂直挂起；另外拆下的零件如轮胎、输种管等保管时要防止挤压变形。

5. 防丢失

对长期停放的机具应建立登记卡，详细记载机具的技术状态、附属装置、备件、工具等；各种机具应妥善保管；严禁拆卸零件作其他用；如没有库房，机具在室外停放时，应将电动机、传动带等易丢件拆下来并作好标记，存放在室内。

二、拖拉机的技术诊断与故障分析

拖拉机经过长时间使用，总会发生某些故障，如何识别拖拉机的常见故障，对于检查维修拖拉机非常重要。一位拖拉机驾驶员，不仅要能驾驶操作拖拉机，还要能识别故障，具备维修和排除故障的技术。

（一）概述

分析拖拉机故障原因时，要勤于动脑，善于思考，先想后动。首先要观察故障现象，结合构造、联系原理，根据各机件之间的关系，经过分析判断，确定故障的主要原因，然后予以排除，以免走弯路和进行不必要的拆卸。

拖拉机发生故障时的表现形态称为故障征象。故障征象概括起来有以下6种。

1. 作用异常

启动困难。

2. 声音异常

机件相互碰撞发出的敲击声。发动机异响与发动机的转速、温度、负荷和润滑条件等有关。

3. 外观异常

排气冒黑烟、白烟或蓝烟。

4. 气味异常

排气带有油的气味以及橡胶焦煳气味。

5. 温度异常

发动机过热。

6. 消耗异常

燃油增加。

（二）分析故障的原则与方法

1. 原则

分析故障的原则是结合构造、联系原理、搞清征象、具体分析、从简到繁、由表及里、按系分段、推理检查。

2. 方法

故障分析常用的方法有部分停止法、交叉对比法、试探法 3 种。

（1）部分停止法。断续地停止某部分或某系统的工作，比较其在工作前后故障征象的变化情况，以利于判断故障部位或找出故障机件。

（2）交叉对比法。若怀疑某一零件有故障时，可用技术状况正常的备件去替换，从而判明是否故障零件。

（3）试探法。进行某些试探性的检查、调整拆卸，来观察故障征象的变化程度。

（三）拖拉机常见故障原因分析及排除方法

1. 发动机常见故障

（1）柴油机启动困难或不能启动。这是拖拉机极常见的故障之一。柴油机的启动必须满足下列条件：各零部件、附件安装可靠；电气系统线路连接正确，接头无松脱；燃油系统中无空气；向燃烧室定时定量供给雾化良好的柴油；向燃烧室供给充足的新鲜空气；启动电动机有足够转速；压缩终了时有足够高的压力和温度。一般情况下，一次即能启动。如一次不能启动，作第二次启动时，应待启动电动机电枢和柴油机飞轮完全停转后进行。连续几次均不能启动，即为柴油机出现启动困难或不能启动故障，要检查排除后再行启动。一般从如下几方面检查排除。

一是启动电动机转速太低、启动无力，使活塞压缩行程终了时气缸内压力和温度过低，柴油不能着火。按蓄电池电力不足或启动电动机有故障进行检修排除故障。

二是启动时，排气管无烟，柴油机不着火，如启动转速正常，说明喷油系统不供油。先从低压油路检查，然后检查高压油路。如油箱内油不足，油箱盖通气孔堵塞；燃油系统中有空气，要排除柴油滤清器、喷油泵空气；输油管路是否堵塞、压扁、对折等，这些都妨碍柴油流通；柴油滤清器堵塞，使油路中无油或供油不足，应清洗或更换滤芯；输油泵故障，输入喷油泵的油不足，应修理输油泵；喷油泵不供油，修理喷油泵。

三是启动时，排气管不断有白色浓烟排出，说明有部分柴油没有燃烧而从排气管排出，应检查喷油器和供油提前角。喷油器喷射压力低，雾化不良，应检修喷油嘴是否卡死，针阀偶件是否严重磨损等。供油提前角过大或过小，均会造成此现象，如确认喷油器无故障，应检查供油提前角。

四是摇动曲轴，感到气缸压缩力不足，在工作时看到有气体从油底壳通气孔或加油口冒出。说明活塞环磨损、卡死，气门漏气等。

五是空气滤清器和进气管堵塞，影响新鲜空气进入气缸，使柴油机启动困难或不能启动。

六是气温较低，又未采取必要预热措施。寒冷季节应加热水或加热机油，预热柴油机。冬季未换用机油，机油黏度太大，启动阻力大而造成启动困难。

（2）柴油机能够启动，但转动和转后自行停车。原因及检查排除方法如下。

一是燃油供给系统中有空气。燃油管路中的空气影响供油的连续性，使柴油机运转不平稳，乃至熄火。应检查并排除油路空气。

二是供油中断而使柴油机熄火。如柴油滤清器堵塞、油管堵塞等。

三是烧瓦或拉缸而熄火，用手摇转发动机会感到相当重或转不动。

四是空气滤清器堵塞。检查并清除堵塞物，必要时更换滤芯。

五是冷却系统缺水，柴油机过热。待发动机冷却后添加冷却水。

（3）发动机功率不足。原因及检查排除方法如下。

一是空气滤清器不清洁，进气不足。应清洗柴油空气滤清器芯子或清除纸质滤芯上的灰尘，必要时更换滤芯。

二是排气管阻塞，应检查是否由于排气管内积炭太多而造成排气管阻力增加。

三是供油提前角过大或过小，喷油时间过早或过晚都会造成燃油燃烧不充分。应检查喷油泵传动轴结合器螺钉是否松动，如果松动，则应重新按照要求调整供油提前角，并拧紧螺钉。

四是活塞与缸套拉伤，造成漏气严重。此时，应更换缸套、活塞和活塞环。

五是燃油系统有故障：①燃油滤清器或管路内进入空气或阻塞。应清除进入管路的空气，清洗柴油滤芯，必要时更换；②喷油偶件损坏造成漏油、咬死或雾化不良。应及时清洗、研磨或更换；③喷油泵供油不足，应及时检查、修复或更换偶件，并重新调整喷油泵供油量。

六是冷却和润滑系统有故障，发动机过热。此种情况下会导致水温和油温过高，易出现拉缸或活塞环卡死现象。应检查冷却系和散热器，清除水垢。

七是缸盖组有故障：①由于排气漏气引起进气量不足或进气中混有废气，继而导致燃油燃烧不充分，功率下降。应修磨气门与气门座的配合面，以提高其密封性，必要时更换；②气缸盖与机体的结合面漏气会使缸体内的气体进入水道或油道，造成冷却液进入发动机体内，若发现不及时会导致"烧瓦"。此时，应按规定扭矩拧紧气缸盖螺母或更换气缸盖垫片；③气门间隙不正确会造成漏气，致使发动机动力下降，甚至着火困难。应重新调正气门间隙；④气门弹簧损坏会造成气门回位困难，气门漏气，发动机动力不足。应及时更换已损坏的气门弹簧；⑤喷油器安装孔漏气或铜垫损坏漏气，使发动机动力不足。应拆下检修，并更换已损坏的零件。

八是连杆轴瓦与曲轴连杆轴颈表面咬毛，此种情况的出现会伴有不正常声音及机油压力下降等现象，这是由于机油油道堵死、机油泵损坏、机油滤芯堵死，或机油压力过低甚至没有机油等原因造成的。此时，可拆卸柴油机侧盖，检查连杆大头的侧面间隙，看连杆大头是否能前后移动，如不能移动，则表示已咬毛，应检修或更换连杆轴瓦。

此外，对于增压柴油机，除以上原因会使功率下降外，如果增压器轴承磨损、压力机及涡轮的进气管路被污物阻塞或漏气，也都可使柴油机的功率下降。当增压器出现上述情况时，应分别检修或更换轴承，清洗进气管路、外壳，擦净叶轮，拧紧结合面螺母和卡箍等。

（4）柴油机烧瓦。原因及检查排除方法如下。

柴油机在工作中发生突然停转，曲轴不能正常运转，主轴瓦或连杆轴瓦烧损。原因有以下几点。

一是机油压力很低或无油压。轴承表面缺油或没有润滑油，造成烧瓦。

二是机油变质或过脏，需要更换机油。

三是轴承间隙不符合规定。轴承间隙过大，润滑油大量流失；间隙过小，润滑油不能形成油膜，应及时检查并进行修理，保持正常间隙。

四是装配时，轴瓦不清洁，有杂质、铁屑等也会造成这种现象。

五是柴油机长时间超负荷工作，发动机过热造成烧瓦。

（5）柴油机拉缸。原因及检查排除方法如下。

拉缸即缸套和活塞受到机械损伤，甚至活塞卡死在气缸内。

一是柴油机过热，破坏了运动零件的正常间隙。

二是气缸套、活塞、活塞环配合间隙过小。

三是活塞环折断。

四是活塞销挡圈失去作用，使活塞销轴向窜动过多，在缸套表面上刮出伤痕。出现上述情况应及时拆检，分析原因后修复或更换零件。

（6）发动机冒黑烟。原因及检查排除方法如下。

冒黑烟说明柴油燃烧得不完全，有大量碳排出。应考虑一切使柴油燃烧不完全的因素，如柴油和空气混合比不对，油多、空气少；调整不当，零部件技术状态不佳等。

一是空气滤清器或进气管堵塞，使进气阻力增大，进气量减少，柴油燃烧不完全。

二是喷油器针阀偶件咬死，柴油机排烟很浓，并有不正常声响。往往不会4个喷油器都出现这种故障，因此可用断缸法检查出有问题的喷油器。

三是气门间隙不正确，气门杆运动不灵活或气门座密封不严。

四是喷油嘴针阀密封不好，有严重滴油或雾化不良、喷油压力低等，均会造成燃烧不良。

五是喷油泵供油量过大，致使柴油过多，不能完全燃烧而冒黑烟。

六是供油提前角过小，喷油过晚，甚至有一部分柴油在排气管内燃烧，使排气冒黑烟及有火焰出现。

（7）发动机冒蓝烟。原因及检查排除方法如下。

发动机排气管冒蓝烟，说明有机油进入燃烧室，烧机油冒出蓝烟。

一是油底壳机油过多，大量机油溅到缸壁上使其中部分机油进入燃烧室被烧掉。油底壳内机油不宜过多，油面应在油尺上下刻线之间。

二是活塞环严重磨损或卡死，窜机油；二道、三道气环倒角方向装反；活塞上回油孔被积碳堵死。

三是气门导管严重磨损，机油由此泄漏到气缸中被烧掉。

四是气缸套磨损严重。

五是新车或新修的柴油机，由于气缸套、活塞环等未磨合好，机油上窜到燃烧室，致使冒蓝烟，待磨合好后蓝烟会逐渐消失。

（8）发动机冒白烟。原因及检查排除方法如下。

柴油机排气管冒白烟，说明部分柴油油雾未能着火燃烧，或有水气由排气管排出，呈白烟。

一是柴油机温度低，使喷入气缸的柴油一部分不能燃烧，呈白烟排出。

二是柴油中有水，或者由于气缸盖衬垫损坏、气缸盖螺栓没拧紧到规定扭矩，冷却水进入气缸中，排气管有白烟喷出。

三是供油时间特别晚，柴油机无法启动，用启动电动机带动时，排气管有白烟排出。

（9）高压油管磨损漏油。原因及检查排除方法如下。

拖拉机高压油管两端的凸头与喷油器、出油阀接连处如出现磨损漏油现象，可从废弃缸垫上剪下一个圆形铜皮，中间扎一小孔磨滑垫在凸坑之间便可解燃眉之急。

2. 拖拉机底盘常见故障

（1）离合器打滑。低速挡起步迟缓，高速挡起步困难，有时发生抖动；拖拉机牵引力降低；当负荷增大时，车速忽高忽低甚至停车，但柴油机声音无变化；严重时离合器过热，摩擦片冒烟并有烧焦气味。故障原因及检查排除方法：

一是摩擦片表面有油污。主要是由于油封等密封装置损坏，渗透润滑油或保养不当，注油过多造成。应查明油污的来源并消除，然后进行清洗。

二是离合器自由间隙过小或没有间隙，应重新调整。

三是压力弹簧折断或弹力减弱，应更换弹簧。

四是摩擦片磨损。如摩擦片偏磨，严重烧损或太薄，铆钉头露出，应更换；如磨损不大，铆钉埋入深度不小于 0.5mm，可以不换，但若铆钉松动应重新铆接或换用新铆钉。若摩擦片烧损较轻，可用砂纸磨平。

五是从动盘翘曲变形，飞轮与压盘平面的不平度过大，应校正修复。

六是回位弹簧松弛或折断，应更换。

（2）离合器分离不清。当离合器踏板踩到底时，动力不能完全切断，挂挡困难或有强烈的打齿声。故障原因及检查排除方法：

一是离合器自由行程过大，离合器分离间隙过小或主离合器分离间隙过小，造成离合器工作行程不足，使离合器分离不清，应正确调整。

二是3个分离杠杆内端不在同一平面上，个别压紧弹簧变软或折断，致使分离时压盘歪斜，造成离合器分离不清，应调整或更换弹簧。

三是由于离合器轴承的严重磨损等原因，破坏了曲轴与离合器轴的同心度，引起从动盘偏摆；从动盘钢片翘曲变形，摩擦片破碎等，都会造成离合器分离后从动盘与主动部分仍有接触，使离合器分离不清。从动盘偏摆应进一步查明原因，予以排除，必要时校正从动盘刚片，更换摩擦片。

四是由于摩擦片过厚和安装不当等原因，造成离合器有效工作行程减小而分离不清，应查明原因排除。摩擦片过厚应更换或在离合器盖与飞轮间加垫片弥补，垫片厚度不能超过 0.5mm。

（3）方向盘震抖、前轮摆头。原因及检查排除方法如下。

出现方向盘震抖和前轮摇头现象的原因主要是：前轮定位不当主销后倾角过小所致。在没有仪器检测的情况下应试着在钢板弹簧与前轴支座平面后端加塞楔形铁片使前轴后转再加大主销后倾角试运行后即可恢复正常。

（4）变速后自动跳挡。原因及检查排除方法如下。

拖拉机运行中变速后出现自动跳挡现象的原因主要是：拨叉轴槽磨损、拨叉弹簧变弱、连杆接头部分间隙过大所致。此时应采用修复定位槽、更换拨叉弹簧、缩小连杆接头间隙挂挡到位后便可确保正常变速。

（5）液压制动失效。原因及检查排除方法如下。

认真检查制动总泵和分泵，看是否已按时更换刹车油和彻底排除制动管路的空气，查看刹车踏板是否符合规定高度。

3.液压悬挂系统常见故障

（1）液压油管疲劳折损。原因及检查排除方法如下。

液压油管由于油压变化频繁和油温高致使管壁张弛频繁极易出现疲劳折损酿成事故。为有效延长液压油管的使用寿命，最好用细铁丝绕成弹簧状放入油管内作支撑。

（2）齿轮泵不吸油或吸油不足。原因及检查排除方法如下。

油面过低或无油；油液黏度过大（可能是用油牌号不对或油温太低）；滤油器或吸油管路堵塞；吸油口接头未拧紧，或密封圈损坏、漏装，使吸油管路进入空气；齿轮泵前盖内的自紧油封损坏而吸入空气。

（3）液压悬挂系统提升不起或不能正常提升农具。原因及检查排除方法如下。

操纵机构失灵，可用手感法判断。如果提升时油泵伴有噪声和发热现象，可能是吸不上油或吸油不足。如果发现油箱内产生大量气泡，则表明油泵吸油管路有漏油之处。如果齿轮泵内漏，建立不起正常压力，或柱塞泵的柱塞和泵体严重磨损，导致供油不足，可在适当部位拆开油路，转动曲轴，观察液压泵的液压油情况进行判断。若利用压力表或专用试验仪进行检测，则判断更为准确。当安全阀开启后不回位，或阀体与阀座之间密封不良时，也会导致漏油严重。此时可用换件法进行判断。如果液压缸严重漏油，可用人力将农具提升，然后将操纵手柄扳至中立位置，并切断液压泵动力，观察农具自动沉降情况，以判断故障，进行排除。

第四章

联合收割机的使用与维护

第一节　水稻联合收割机的使用与维护

一、水稻联合收割机的构造及工作过程

水稻联合收割机按喂入方式的不同可分为全喂入式和半喂入式两种。全喂入式联合收割机是将割下的作物全部喂入滚筒。半喂入式只是将作物的头部喂入滚筒，因而能将茎秆保持得比较完整。

水稻联合收割机工作时，扶禾拨指将倒伏作物扶直推向割台，扶禾星轮辅助拨指拨禾，并支撑切割。作物被切断后，割台横向输送链将作物向割台左侧输送，再传给中间输送装置，中间输送夹持链通过上下链把把垂直状态的作物禾秆逐渐改变成水平状态送入脱粒滚筒脱粒，穗头经主滚筒脱净后，长茎秆从机后排出，成堆或成条铺放在田间。谷粒穿过筛网经抖动板，由风扇产生的气流吹净，干净的谷粒落入水平推运器，再由谷粒水平推运器送给垂直谷粒推运器，经出粮口接粮装袋。断穗由主滚筒送给副滚筒进行第二次脱粒，杂余物由副滚筒的排杂口排出机外。

二、水稻联合收割机的使用调整

（一）收割装置主要调整内容

1. 分禾板上、下位置调整

根据作业的实际情况及时进行调整。田块湿度大，前仰或过多地拨起倒伏作物时，应将分禾板尖端向下调，直至合适为止（最低应距地面 2cm）。可通过调整螺栓进行调整。

2. 扶禾爪的收起位置高度调整

根据被收作物的实际情况，调节扶禾爪的收起位置。其调节方法是：先解除导轨锁定杆，然后上下移动扶禾器内侧的滑动导轨位置。具体要求是：通常情况下，导轨调至标准的位置；易脱粒的品种和碎草较多时，导轨调至

67

标准上部的位置；长秆且倒伏的作物，导轨应调至标准下部位置。调整时，四条扶禾链条的扶禾爪的收起高度，都应处于相同的位置。

3. 右穗端链条的有传送爪导轨的调整

右爪导轨的位置应根据被脱作物的状态而定。作物茎秆比较零乱时，导轨置于标准位置；而被脱作物易脱粒而又在右穗端链条处出现损失时，应将导轨调向标准上部位置。其调整方法是：松开固定右爪导轨螺母 A、B，通过 B 处的长槽孔将右爪导轨向标准上部的方向移动至合适位置止，然后拧紧螺母 A、B 固定即可。

4. 扶禾调速手柄的调节

扶禾调速手柄通常在"标准"位置上进行作业，只有在收割倒伏 45° 以上的作物时或茎秆纠缠在一起时，先将收割机副变速杆置于"低速"，再将扶禾调速手柄置于"高速"或"标准"位置。收割小麦时，不用"高速"位置。

（二）脱粒装置的主要调整

1. 脱粒室导板调节杆的调整

脱粒室导板调节杆有开、闭和标准 3 个位置。

新机出厂时，调节杆处于"标准"位置。作业中出现异常响声（咕咚、咕咚），即超负荷时，收割倒伏、潮湿作物及稻麸或损伤颗粒较多时，应向"开"的方向调；当作物中出现筛选不良时（带芒、枝梗颗粒较多、碎粒较多、夹带损失较多）、谷粒飞散较多时，应向"闭"的方向调。

2. 清粮风扇风量的调整

合理调整风扇风量能提高粮食的清洁率和减少粮食损失率。风量大小的调整是通过改变风扇皮带轮直径大小进行的。其调整方法是：风扇皮带轮由两个半片和两个垫片组成。两个垫片都装在皮带轮外侧时，皮带轮转动外径最大，此时风量最小；两个垫片都装在皮带轮的两个半片中间时，风扇皮带轮转动外径最小，这时风量最大；两个垫片在皮带轮外侧装一个，在皮带轮两半片中间装另一个时，则为新机出厂时的装配状态，即标准状态（通常作业状态）。

作业过程中，如出现谷粒中草屑、杂物、碎粒过多时，风量应调强位；如出现筛面跑粮较多，风量应调至弱位。

3. 清粮筛（振动筛）的调节

清粮筛为百叶窗式，合理调整筛子叶片开度，可以取得理想的清粮效果。

作业中，喂入量大（高速作业）、作物潮湿、筛面跑粮多、稻麸或损伤谷粒多时，筛子叶片开度应向大的方向调，直至符合要求为止。当出现筛选不良时（带芒、枝梗颗粒较多、断穗较多、碎草较多）时，筛子叶片开度应向小的方向调，直至满意为止。筛子叶片开度的调整方法为：拧松调整板螺栓（两颗），调整板向左移，筛片开度（间隙）变小（闭合方向）；向右移动，筛子叶片开度变大（即打开方向）。

4. 筛选箱增强板的调整

新机出厂时，增强板装在标准位置（通常收割作业位置）。作业中出现筛面跑粮较多时，增强板向前调，直至上述现象消失。

5. 弓形板的更换

根据作业需要，在弓形板的位置上可换装导板。新机出厂时，安装的是弓形板（两块）、导板（两块）为随车附件。作业中，当出现稻秆损伤较严重时，可换装导板。通常作业装弓形板。

6. 筛选板的调整

新机出厂时，筛选板装配在标准位置（中间位置）。作业中，排尘损失较多时，应向上调，收割潮湿作物和杂草多的田块，适当向下调，直至满意为止。

三、半喂入式水稻联合收割机的维护保养

（一）作业前后要全面保养检修

水稻收获季节时间紧迫，因此，收获机械在收获季节之前一定要经过全面拆卸检查，这样才能保证作业期间保持良好的技术状态，不误农时。

1. 行走机构

按规定，支重轮轴承每工作500h要加注机油，1 000h后要更换。但在实际使用中，有些收割机工作几百小时就出现轴承损坏的情况，如果没及时发现，很快会伤及支架上的轴套，修理比较麻烦。因此在拆卸后，要认真检查支重轮、张紧轮、驱动轮及各轴承组，如有松动、异常，不管是否达到使用期限都要及时更换。橡胶履带使用更换期限按规定是800h，但由于履带价格较高，一般都是坏了才更换，平时使用中应多注意防护。

2. 割脱部分

谷粒竖直输送螺旋杆使用期限为 400h，再筛选输送螺旋杆为 1000h，在拆卸检查时，如发现磨损量太大则要更换，有条件的可堆焊修复后再用。收割时如有割茬撕裂、漏割现象，除检查调整割刀间隙、更换磨损刀片外，还要注意检查割刀曲柄和曲柄滚轮，磨损量太大时会因割力行程改变而受冲击，影响切割质量，应及时更换。割脱机构有部分轴承组比较难拆装，所以，在停收保养期间应注意检查，有异常情况的应予以更换，以免作业期间损坏而耽误农时。

（二）每班保养

每班保养是保持机器良好技术状态的基础，保养中除清洁、润滑、添加和紧固外，及时的检查能发现小问题并予以纠正，可以有效地预防或减少故障的发生。

一是检查柴油、机油和水，不足时应及时添加符合要求的油、水。

二是检查电路，感应器部件如有被秸秆杂草缠堵的应予清除。

三是检查行走机构，清理泥、草和秸秆，橡胶履带如有松弛应予调整。

四是检查收割、输送、脱粒等系统的部件，检查割刀间隙、链条和传动带的张紧度、弹簧弹力等是否正常。在集中加油壶中加满机油，对不能由自动加油装置润滑的润滑点，一定要记住用人工加油润滑。

五是清洁机器，检查机油冷却器、散热器、空气滤清器、防尘网以及传动带罩壳等处的部件，如有尘、草堵塞应予清除。

日常保养前必须关停机器，将机器停放在平地上进行，以 PRO488（PRO588）久保田联合收割机为例，检查内容如下（表 5–1 和表 5–2）。

表 5-1　PR0488（PR0588）久保田联合收割机日常维护保养

	检查项目		检查内容	采取措施
检查机体的周围	机体各部		①是否损伤或变形 ②螺栓及螺母是否松动或脱落 ③油或水是否泄漏 ④是否积有草屑 ⑤安全标签是否损伤或脱落	①修理或更换 ②拧紧或补充 ③固定紧软管或阀门的安装部位，或更换零部件 ④清扫 ⑤重贴新的标签
	蓄电池、消声器、发动机、燃油箱各配线部的周围		是否有垃圾或者机油附着以及泥的堆积	清理
	燃料		是否备有足够作业的燃料	补充（0#）优质柴油
	割刀、各链条		—	加油
	割刀、切草器刀		刀口是否损伤	更换
	履带		是否松动或损伤	调整或更换
	进气过滤器		是否堆积了灰尘	清扫
	防尘网		是否堵塞	清扫
	收割升降邮箱		油量是否在规定值间（机油测量计的上限值和下限值之间）	补充久保田纯机油 UDT 到规定量
	脱粒网		是否有极端的磨损或破损	改装或更换
发动机室	风扇驱动皮带		是否松动，是否损伤	调整，更换
	发机动机油		油量是否在规定值间（机油测量计的上限值和下限值之间）	补充到规定量（久保田纯机油 D30 或 D10W30）
	散热器	冷却水	预备水箱水量是否在规定值间（水箱的 FULL 线和 LOW 线间）	补充清水（蒸馏水）到规定值
		散热片	是否堵塞	清扫
	蓄电池		发动机是否启动	充电或更换
主开关	仪表盘	机油指示灯	操作各开关，指示灯是否点亮	检查灯丝、熔断器是否熔断，再进行更换或连接、蓄电池充电或更换
		充电指示灯		
启动发动机	仪表盘	燃料指示灯	指示灯是否熄灭	补充（0#）优质柴油
		机油指示灯		补充机油到规定值
		充电指示灯		调整或更换
	转速灯		转速针是否正常	调整或更换
	脱粒深浅控制装置		脱粒深浅链条的动作是否正常	检查熔断丝是否熔断，接线是否断开，更换或连接
	各操作杆		各操作杆的动作是否正常	调整
	停车刹		游隙量是否适当	调整
	发动机消声器		有杂音否，排气颜色是否正常	调整或更换
	割刀、各链条		加油后是否有异常	调整或更换
	停止拉杆		发动机是否停止	调整

表 5-2　检查与加油（水）一览表

种类、燃料	检查项目	措施检查	检查、更换期（时间表显示的时间）		容量规定量（L）	种类
			更换			
燃油	燃料箱	加油	作业前后	—	容量 50	优质柴油
水液	脱粒链条驱动箱			—		久保田纯正机油 M80B、M90 或 UDT
机油	发动机	补充更换	作业后	每 100 h	容量 7，规定量：机油标尺的上限和下限之间	久保田纯正机油 UDT
	传动箱	补充更换	—	初次 50h，第 2 次后每 300 h	容量 6.5，规定量：油从检油口稍有溢出	
	油压油箱	补充	—	初次 50h，第 2 次后每 400 h	容量 19.3，规定量：油从检油口稍有溢出	
	收割升降机油箱	补充更换	作业前后	初次 50 h，第 2 次后每 400 h	容量 1.6，规定量：机油标尺的上限和下限之间	
	脱粒齿轮油箱	补充更换	—	初次 50 h，第 2 次后分解	容量 19.3，规定量：油从检油口稍有溢出	
	割刀驱动箱	补充	分解时	—	容量 0.6~0.7	久保田纯正机油
水液	割刀、扶持链、穗端、茎端、脱粒、深浅、供给、排草茎端、穗端链条及张紧支承部	加油	作业前后		容量 0.3 适量	久保田纯正机油 D30、D10W30 或 D90
	冷却水（备用水箱）		冬季停止使用时，排除或加入 50% 的不冻液		规定值：水箱侧面 L(下限)和 F(上限)之间	清水或久保田不冻液
	蓄电池液		收割季节		规定值：蓄电池侧面下限和上限之间	蒸馏水

续表

种类、燃料	检查项目		措施检查	检查、更换期（时间表显示的时间）	容量规定量（L）	种类
				更换			
黄油	行走部	载重滚轮轴承	补充	—	第 500h 加油	适量	久保田黄油
	收割部	收割部支撑座、脱粒深浅、链条驱动箱		—	第 200h 加油		
		收割齿轮箱、各齿轮箱				规定量 *	
	脱粒部	各齿轮箱		收割季节前后			

* 各部分机油、黄油的补充和更改：

①检查时，请将机器停在平坦的地方。如果地面倾斜，测量不能正确显示；

②发动机机油的检查，必须在发动机停止 5min 后进行；

③使用的机油、黄油必须是指定的久保田纯正机油、黄油

（三）定期维护

半喂入式联合收割机按工作小时数确定技术维护和易损件的更换，使技术维护向科学、合理、实际的方向发展。目前，装有计时器是联合收割机较普遍采用的一种方法。

注意事项：

一是半喂入式联合收割机装有先进的自动控制装置，当机器在作业过程中发生温度过高、谷仓装满、输送堵塞、排草不畅、润滑异常以及控制失灵等现象时，都会通过报警器报警和指示灯闪烁向机手提出警示，这时，机手一定要对所警示的有关部位进行检查，找出原因，排除故障后再继续作业。

二是在泥脚太深（超过 15cm）的水田里作业容易陷车，不要进田收割，可先人工收割，后机脱。

三是切割倒伏贴地的稻禾，对扶禾机构、切割机构损害很大，不宜作业。

四是橡胶履带在日常使用中要多注意防护，如跨越高于 10cm 的田埂时应在田埂两边铺放稻草或搭桥板，在沙石路上行走时应尽量避免急转弯等。

五是不要用副调速手柄的高速挡进行收割，否则很可能导致联合收割机发生故障。

四、常见故障及排除方法

1. 水稻联合收割机出现割茬不齐

可能是因为：①作物的条件不适合；②田块的条件不适合；③机手的操作不合理；④割刀损伤或调整不当；⑤收割部机架有无撞击变形。相对应的排除方法为：①更换作物；②检查田块的条件；③正确操作；④更换割刀或正确调整；⑤修复收割部机架或更换。

2. 水稻联合收割机出现不能收割而把作物压倒

可能是因为：①作物不合适；②收割速度过快；③割刀不良；④扶起装置调整不良；⑤收割皮带张力不足；⑥单向离合器不良；⑦输送链条松动、损坏；⑧割刀驱动装置不良。相对应的排除方法为：①更换作物；②降低收割速度；③调整或更换割刀；④调整分禾板高度；⑤皮带调整或更换；⑥更换；⑦调整或更换输送链条；⑧换割刀驱动装置。

3. 水稻联合收割机出现不能输送作物、输送状态混乱

可能是因为：①作物不合适；②机手操作不当；③脱粒深浅位置不当；④喂入装置不良；⑤扶禾装置不良；⑥输送装置不良。相对应的排除方法为：①更换作物；②副变速挡位置于"标准"；③脱粒深浅位置用手动控制对准"▼"；④爪形皮带、喂入轮、轴调整或更换；⑤正确选用扶禾调速手柄挡位、调整或更换扶禾爪、扶禾链、扶禾驱动箱里轴和齿轮；⑥调整或更换链条、输送箱的轴、齿轮。

4. 水稻联合收割机出现收割部不运转

可能是因为：①输送装置不良；②收割皮带松；③单向离合器损坏；④动力输入平键、轴承、轴损坏。相对应的排除方法为：①调整或更换各链条、输送箱的轴、齿轮；②调整或更换收割皮带；③更换单向离合器；④调整或更换爪形皮带、喂入轮、轴。

5. 水稻联合收割机出现筛选不良——稻麦有断草／异物混入

可能是因为：①发动机转速过低；②摇动筛开量过大；③鼓风机风量太弱；④增强板调节过开。相对应的排除方法为：①增大发动机转速；②减小摇动

筛开量；③增大鼓风机风量；④增强板调节得小些。

6. 水稻联合收割机出现稻麦谷粒破损较多

可能是因为：①摇动筛开量过小；②鼓风机风量太强；③搅龙堵塞；④搅龙叶片磨损。相对应的排除方法为：①增大摇动筛开量；②减小鼓风机风量；③清理；④更换或修复。

7. 水稻联合收割机出现稻谷中小枝梗，麦粒不能去掉麦芒、麦麸

可能是因为：①发动机转速过低；②摇动筛开量过大；③脱粒室排尘过大；④脱粒齿磨损。相对应的排除方法为：①增大发动机转速；②减小摇动筛开量；③清理排尘；④更换。

8. 水稻联合收割机出现抛撒损失大

可能是因为：①作物不合适；②机手操作不合理；③摇动筛开量过小；④鼓风机风量太强；⑤摇动筛后部筛选板过低；⑥摇动筛橡胶皮安装不对；⑦摇动筛增强板位置过闭；⑧摇动筛1号、2号搅龙间的调节板位置过下。相对应的排除方法为：①更换作物；②正确操作；③增大摇动筛开量；④减小鼓风机风量；⑤增高摇动筛后部筛选板；⑥重新安装；⑦调整摇动筛增强板位置；⑧调整摇动筛1号、2号搅龙间的调节板位置。

9. 水稻联合收割机出现破碎率高

可能是因为：①作物过于成熟；②助手未及时放粮；③发动机转速过高；④脱粒滚筒皮带过紧；⑤脱粒排尘调节过闭；⑥搅龙堵塞；⑦搅龙磨损。相对应的排除方法为：①及早收获作物；②及时放粮；③减小发动机转速；④调整脱粒滚筒皮带；⑤调整脱粒排尘装置；⑥清理；⑦更换或修复。

10. 水稻联合收割机出现2号搅龙堵塞

可能是因为：①作物过分潮湿；②机手操作不合理；③摇动筛开量过闭；④鼓风机风量过弱；⑤脱粒部各驱动皮带过松；⑥搅龙被异物堵塞；⑦搅龙磨损。相对应的排除方法为：①晾晒；②正确操作；③调整摇动筛开量；④增大鼓风机风量；⑤调紧脱粒部各驱动皮带；⑥清理搅龙；⑦更换或修复。

11. 水稻联合收割机出现脱粒不净

可能是因为：①作物条件不符；②机手操作不合理；③脱粒深浅调节不当；④发动机转速过低；⑤分禾器变形；⑥脱粒、滚筒皮带过松；⑦排尘手柄过开；⑧脱粒齿、脱粒滤网、切草齿磨损。相对应的排除方法为：①更换作物；②正确操作；③正确调整；④增大发动机转速；⑤修复或更换；⑥调紧脱粒、

滚筒皮带；⑦正确调整排尘手柄；⑧更换或修复。

12. 水稻联合收割机出现脱粒滚筒经常堵塞

可能是因为：①作物条件不符；②脱粒部各驱动皮带过松；③导轨台与链条间隙过大；④排尘手柄过闭；⑤脱粒齿与滤网磨损严重；⑥切草齿磨损；⑦脱粒链条过松。相对应的排除方法为：①更换作物；②调紧脱粒部各驱动皮带；③减小导轨台与链条间隙；④调整排尘手柄；⑤更换；⑥更换或修复切草齿磨损；⑦调紧脱粒链条。

13. 水稻联合收割机出现排草链堵塞

可能是因为：①排草茎端链过松或磨损；②排草穗端链不转或磨损；③排草皮带过松；④排草导轨与链条间隙过大；⑤排草链构架变形。相对应的排除方法为：①调紧排草茎端链或更换；②正确安装或更换；③调紧排草皮带；④减小排草导轨与链条间隙；⑤修复或更换排草链构架。

第二节　谷物联合收割机的使用与维护

一、谷物联合收割机的构造及工作过程

谷物联合收割机的机型很多,其结构也不尽相同,但其基本构造大同小异。现以约翰迪尔佳联自走式联合收割机(JL-1100自走式联合收割机)为例,说明其构造和工作过程。

JL-1100自走式联合收割机结构主要由割台、脱粒(主机)、发动机、液压系统、电气系统、行走系统、传动系统和操纵系统八大部分组成。

(一)收割台

为适应系列机型和农业技术要求,割台割幅有3.66m、4.27m、4.88m、5.49m四种及大豆挠性割台。割台由台面、拨禾轮、切割器、割台推运器等组成。

(二)脱粒部分

脱粒部分由脱粒机构、分离机构及清选机构、输送机构等构成。

(三)发动机

本机采用法国纱朗公司生产的6359TZ02增压水冷直喷柴油机,功率为110kW(150马力)。

(四)液压系统

本机液压系统由操纵和转向两个独立系统所组成,分别对割台的升降和减震,拨禾轮的升降,行走的无级变速,卸粮筒的回转,滚筒的无级变速及转向进行操纵和控制。

（五）电气系统

电气系统分电源和用电两大部分。电源为一只12V6-Q-126型蓄电池和一个九管硅整流发电机。用电部分包括启动马达、报警监视系统、拨禾轮调速电动机、燃油电泵、喷油泵电磁切断阀、电风扇、雨刷、照明装置等。

（六）行走系统

由驱动、转向、制动等部分组成。驱动部分使用双级增扭液压无级变速，常压单片离合器，四挡变速箱，一级直齿传动边减系统。制动器分脚制动式和手制动式，为盘式双边制动器，由单独液力系统操纵。转向系统采用液力转向方式。

（七）传动系统

动力由发动机左侧传出，经皮带或链条传动，传给割台、脱粒部分工作部件和行走部分。

（八）操纵系统

操纵系统主要设置在驾驶室内。

二、谷物联合收割机的使用调整

（一）割台的使用调整

割台的作用是完成作物的切割和输送，普通割台的割幅有两种可供选择，分别是2.75m和2.5m，大豆割台是整体挠性割台，割幅是2.75m，割台性能优良，可靠性强，优于同类机型。下面叙述的是普通型割台的使用，根据当地谷物收获的需要，自行选择割茬高度，通过升降来调整。一般割茬高度在100~200mm，在允许的情况下，割茬应尽量高一些，有利于提高联合收获机的作用效率。

1.拨禾轮的使用与调整

3080型联合收获机装配的是偏心弹齿式拨禾轮，这种拨禾轮性能优良，尤其是收获倒伏作物，它有多个调整项目，使用中应多加注意。

（1）拨禾轮转速的调整有两处，一是链条传动，链条挂接在不同齿数的链轮上可以获得不同的转速；二是带传动，通过3根螺栓可以调整带盘的开度，调整后应重新张紧传动带。

（2）拨禾轮转速的选择取决于主机行进速度，行进速度越快，拨禾轮转速越快。但应避免拨禾轮转速过高造成落粒损失。一般拨禾轮应稍微向后拨动一下作物，将作物平稳地铺放到割台上。

（3）拨禾轮高度应与作物的高度相适应，通过液压手柄随时调整。为了平稳地输送作物，拨禾轮齿把管应当拨在待割作物的重心处，即应拨在从割茬往上作物的大约2/3高处。保证作物平稳输送是割台使用的基本要求。

（4）当收获倒伏作物时，在割台降低的同时，应将拨禾轮调整到很低的位置，拨禾轮上的弹齿可以非常接近地面，在拨禾轮相对主机速度较高的情况下，弹齿将倒伏作物提起，然后进行切割。

（5）普通割台为了适应各种不同秸秆长度的要求，拨禾轮前后位置的调整范围较大。一般收获稻麦等短秸秆作物时，应将拨禾轮的位置调到支臂定位孔的后数第一、第二或第三个孔上，使拨禾轮与中央搅龙之间的距离变得较小，防止作物堆积，使喂入顺畅。

（6）拨禾轮齿把管上安装有许多弹齿，通过偏心装置能够调整其方向，弹齿方向一般应与地面垂直。当收获倒伏作物或者收获稀疏矮小作物时，应调整至向后倾斜，以利于作物的输送。弹齿方向的调整方法是松开两个可调螺栓，扳动偏心盘以改变弹齿方向，然后拧紧螺母。

（7）拨禾轮支承轴承是滑动轴承，为防止缺油造成磨损，每天应向轴承注油1~2次。

2. 切割器的使用与调整

切割器是往复式的，有较强的切割能力，可保证在10km/h的作业速度下没有漏割现象。动刀片采用齿形自磨刃结构，刀片用铆钉铆在刀杆上，铆钉孔直径为5mm。

在护刃器中往复运动的刀杆在前后方向上应当有一定的间隙。如果没有间隙，刀杆运动会受阻，但如果间隙过大，间隙中塞上杂物，刀杆的运动也会受阻。刀杆前后间隙应调整到约0.8mm，调整时松开刀梁上的螺栓，向前或向后移动摩擦片即可。

动刀片与定刀片之间为切割间隙，此间隙一般为0~0.8mm，调整时可以用手锤上下敲击护刃器，也可以在护刃器与刀梁之间加减垫片。

摇臂和球铰是振动量较大的零部件，每天应当对该处的 3 个油嘴注入润滑脂。

3. 中央搅龙的调整与使用

中央搅龙及其伸缩齿与割台体构成推运器，调整好中央搅龙的位置和输送间隙能够使作物喂入顺利。

（1）如果搅龙前方出现堆积现象，可向前和向下移动中央搅龙。调整时，松开两侧调整板螺栓，移动调整板，此时中央搅龙也随之移动。两侧间隙要调整一致，调整后要紧固好螺栓，并且要重新调整传动链条的松紧度。

（2）如果中央搅龙的运动造成谷物回带，可适当后移中央搅龙，使搅龙叶片与防缠板之间间隙变小。

（3）如果中央搅龙叶片与割台底板之间有堵塞现象，可通过搅龙调整板减小搅龙叶片下方的间隙。

（4）伸缩齿与底板之间间隙越小，抓取能力越强，间隙可调整到 5~10mm。调整部位是右侧的调整手柄，松开螺栓后，向上扳伸缩齿向下，向下扳伸缩齿向上，调整后紧固螺栓。

（5）为了避免因为中央搅龙堵塞造成故障，在搅龙的传动轴上装有摩擦片式安全离合器，出厂时弹簧长度调整到 37mm；作业中可根据具体情况适当调整。弹簧的紧度应当是正常运转时摩擦片不滑转，当中央搅龙堵塞，并且扭矩过大有可能造成损坏时，摩擦片滑转。安全离合器是干式的，不要加润滑油，否则无法使用。

4. 倾斜输送器（过桥）的使用与调整

过桥将割台和主机衔接起来，并用输送器和链耙输送谷物。带动输送链的主动辊，其位置是固定的；被动辊的位置不确定，随着谷物的多少而浮动，在弹簧的作用下，浮动辊及其链耙始终压实作物，形成平稳的谷物流。

（1）非工作时间的间隙。收获稻麦等小籽粒作物，浮动辊正下方链耙齿与过桥底板之间距离应为 3~5mm；收获大豆等大籽粒作物时，这个间隙应为 15~18mm。调整时拧动过桥两侧弹簧上端的螺母即可。

（2）输送链预紧度的调整。打开检视口，用 150N 的力向上提输送链，应能提起 20~35mm，否则应拧动过桥两侧的调整螺栓，调整浮动辊的前后位置，使输送链紧度适宜。过桥的主动轴上有防缠板，不要拆除。

（二）脱粒机构的使用与调整

谷物经过倾斜输送器输送到由滚筒和凹板组成的脱粒机构后，在滚筒和凹板冲击、揉搓下，籽粒从秸秆上脱下，滚筒转速越高，凹板与滚筒之间的间隙越小，脱粒能力越强。反之，脱粒能力越弱。

针对不同作物的收获，脱粒滚筒有 1200r/min、1000r/min，900r/min，833r/min、760r/min、706r/min、578r/min 7 种转速可供选择。上述 7 种转速是通过更换主动带轮与被动带轮来实现的，各转速相应的主、被动带轮外径（mm） 为 385、275，355、305，330、305，330、330，305，330、305，355、275，3806 型收割机收获小麦时，用 1000r/min 或 1200r/min；收获水稻时，用 1000r/min、900r/min、833r/min、760r/min 或 706r/min。收获水稻时用的是钉齿滚筒和钉齿凹板。为了发挥 3080 型收割机的最佳性能，收获大豆时需要更换传动件以改变滚筒转速。右侧三联带传动的两个三槽带盘，主动盘换成 ø202mm，被动盘换成 ø332mm，使分离滚筒转速变为 600r/min，传动带由 S24314 型换成 D19002 型。第一滚筒传动带盘，主动盘换成 ø305mm，被动盘换成 ø355mm，使脱粒滚筒转速变为 706r/min。第二滚筒左侧链传动的被动链轮由 25 齿换成 18 齿。过桥主动轴右侧带盘换成 ø218mm，传动带由 S60018 型换成 D19003 型。

使用中，发动机必须用大油门工作。如转速不足应检查发动机的空气滤清器和柴油滤清器是否堵塞，传动带是否过松。此外，收割机不要超负荷作业，否则将堵塞滚筒，清理堵塞很费时间。一旦滚筒堵塞，不要强行运转，否则会损坏滚筒的传动带，此时应将凹板间隙放大，从滚筒的前侧进行清理。

使用脱粒滚筒应遵循以下原则。

一是收获前期或谷物潮湿时，凹板间隙调整手柄扳到相对靠上的位置，此时凹板间隙较小；收获的作物逐渐干燥，手柄应扳到靠下的位置，使凹板间隙大些。

二是只要能够脱净，凹板间隙越大越好。是否脱净，要看第二滚筒的出草口是否夹带籽粒，如出草口不跑粮，证明籽粒已经脱净。用凹板调整手柄调整凹板间隙是一般的方法，也可以通过凹板吊杆调整凹板间隙，调整时，要两侧同时进行，保持间隙一致。

（三）分离机构的使用与调整

谷物经过脱粒滚筒时，有75%~85%的籽粒被脱下，并且有少部分籽粒从凹板的栅格中分离出来。从滚筒凹板的出口处分离出的物料进入第二滚筒，即轴流滚筒，轴流滚筒具有复脱作用，同时完成籽粒的分离工作。在滚筒高速旋转的冲击和凹板配合的揉搓下，剩余籽粒被逐渐脱下，在离心力的作用下，籽粒和部分细小的物料在凹板中分离出来。构成轴流滚筒壳体的下半部分是栅格式凹板，上半部分是带有螺旋导向叶片的无孔滚筒壳体，稻草等物料在高速旋转的同时，在导向叶片的作用下，沿着轴向被推出滚筒的排草门。

在保证脱粒和分离性能的情况下，应使稻秆尽可能完整，从而使下一级的清选系统中的物料尽可能少一些，以减少清选系统的负荷。实现这一点的重要方法是尽可能使第一滚筒的脱粒能力弱一些。

分离滚筒与凹板间的间隙，在收获水稻时，应从一般的40mm调整为15mm，调整后紧固螺母，并用手转动检查有无刮碰。

（四）清选系统的使用与调整

清选系统包括阶梯板、上筛、下筛、尾筛、风扇和筛箱等。阶梯板、上筛和尾筛装在上筛箱中，下筛装在下筛箱中，采用上、下筛交互运动方式，有效地消除了运动的冲击，平衡了惯性力，清选面积大，而且具有多种调整机构，通过调整能达到最佳清选效果。

1. 筛片开度的选择

鱼鳞筛筛片开度可以调整，调整部位是筛子下方的调整杆。所谓开度，是指每两片筛片之间的垂直距离。不同的作物应选择不同的开度。潮湿度大的选择较大的开度，潮湿度小的应选择较小的开度。一般上筛开度大些，下筛开度小些，尾筛的开度比上筛再稍微大一些。

2. 风量大小的选择

在各种物料中，颖壳密度最小，秸秆其次，籽粒最大。风扇的风量应当使密度较小的秸秆和颖壳几乎全部悬浮起来，与筛面接触的仅仅是籽粒和很少量的短秸秆，这时筛子负荷很小，粮食清洁。因此，选择风量时，只要籽粒不吹走，风量越大越好。

松开风扇轴端的螺母，卸下传动带带盘的动盘，在动定盘之间增加垫片，装上动盘，然后紧固螺母，用张紧轮重新张紧传动带，这样调整后，风扇转速提高，风量增大；用相反的方法调整，风量减小。

3. 风向的选择

为了使整个筛面上都有一个适宜的风量，在风扇的出风口安装了导风板，使较大的下侧风量向上分流，将风量合理地导向筛子的各个位置。

在风箱侧面设有导风板调整手柄，收获稻麦等小籽粒作物时，导风板手柄置于从上数第一、第二凸台之间，风向处于筛子的中前部；收获大籽粒作物时，导风板手柄置于第二、第三凸台之间或第三、第四凸台之间，风向处于筛子的中后部位。

4. 杂余延长板的调整

筛子下方有籽粒滑板和杂余滑板，在杂余滑板的后侧有一杂余延长板，它的作用是对尾筛后侧的籽粒或杂余进行回收，降低清选损失。杂余延长板的安装位置有 3 个，松开两个螺栓，该板可以向上或向下窜动，位置合适后将两侧的销子插入某一个孔中。

在清选系统正确调整的情况下，应将销子插在后下孔中，这样安装的好处是使延长板与尾筛之间的距离相对大一些，在上筛和下筛之间的短秸秆能够顺利地从该处被风吹出来，避免了短秸秆被延长板挡在杂余滑板和杂余搅龙内，减少了杂余总量。

5. 杂余总量的限制

所谓杂余，是指脱粒机构没有脱下籽粒的小穗头，联合收割机设置了杂余回收和复脱装置。3080 型联合收割机这种杂余应当很少，如果杂余系统的杂余总量过多，则是非杂余成分如短秸秆和籽粒等进入了该系统，正确调整筛子开度、风量、风向以及杂余延长板，杂余量就会减少。杂余量过多会影响收割机的工作效果，而且加大杂余回收和复脱装置及其传动系统的负荷，可能会造成某些零部件的损坏，因此，保持杂余量较小是很重要的。

清选系统只有对各项进行综合调整，才能达到最佳状态。

（五）粮箱和升运器的使用与调整

升运器输送链松紧度调整时，打开升运器下方活门，用手左右扳动链条，链条在链轮上能够左右移动，其紧度适宜。否则，可以通过升运器上轴的上下移动来调整：松开升运器壳体上的螺栓（一边一个），用扳子转动调整螺母，使升运器上轴向上或向下移动，直到调好后再重新紧固螺母。输送链过松会使刮板过早磨损；过紧，会使下搅龙轴损坏。

升运器的传动带松紧度要适宜，过松要丢转，过紧也会损坏搅龙轴。

粮箱容积为 $1.9m^3$，粮满时应及时卸粮，否则可能损坏升运器等零部件。

粮箱的底部有一粮食推运搅龙，流入搅龙内的粮食流动速度由卸粮速度调整板调定。调整板与底板之间间隙的选择要视粮食的干湿程度和粮食的含杂率而定，湿度大的粮食这个开度应小些，反之应大些；开度不要过大，以防卸粮过快，造成卸粮搅龙损坏。

带有卸粮搅龙的联合收割机在卸粮时，发动机应当使用大油门，并且要一次把粮卸完，卸粮之前要把卸粮筒转到卸粮位置，如果没转到卸粮位置就卸粮容易损坏万向节等零部件。

不带卸粮筒的收割机在卸粮时，要先让粮食自流，当自流减小时，再接合卸粮离合器。应当指出，必须这样做，否则将损坏推运搅龙等零部件。

（六）行走系统的使用与调整

行走系统包括发动机的动力输出端、行走无级变速器、增扭器、离合器、变速箱、末级传动和转向制动等部分。

1. 动力输出端

动力输出端通过一条双联传动带将动力传递给行走无级变速器，通过三联传动带将动力传递给脱谷部分等。动力输出半轴通过两个注油轴承支承在壳体上，注油轴承应定期注油。使用期间应注意检查壳体的温度，如果温度过高，应取下轴承检查或更换。

2. 行走中间盘

行走中间盘里侧是一双槽带轮，通过一条双联传动带与动力输出端带轮相连接。外侧是行走无级变速盘，在某一挡位下增大或减小行走速度就是通过它来实现的。它包括动盘、定盘、螺柱及油缸等件。

当要提高行走速度时，操纵驾驶室上的无级变速液压手柄，压力油进入油缸，推动油缸体，动盘向外运动，使动、定盘的开度变小，工作半径变大，行走速度提高。

拆变速带的方法：将无级变速器变到最大位置状态，将液压油管拆下，推开无级变速器的动盘，拆下变速带。

拆变速器总成的方法：拆下油缸，取出支板，拆下传动带，拧出螺栓，拆下变速器总成。

由于使用期间经常用无级变速，所以动、定盘轮毂之间需要润滑，它的润滑点在动盘上，要定期注油，否则会造成两轮毂过度磨损、无级变速失灵等故障。

3. 增扭器

自动增扭器既能实现无级变速，又能随着行走阻力的变化自动张紧和放松传动带，从而提高行走性能，延长机器零部件的使用寿命。

当增速时，行走带克服弹簧弹力，动盘向外运动，工作半径变小，实现大盘带小盘，行走速度增加。

当减速时，中间盘的油缸内的油无压力，增扭弹簧推动动盘向定盘靠拢，行走带推动中间盘的动盘、螺柱、油缸体向里运动，实现小盘带大盘，转速下降。

由于增扭器的动、定盘轮毂和推力轴承运动频繁，应定期注油，增扭器侧面有润滑油嘴。

4. 离合器

离合器属于单片、常压式、三压爪离合器，它与增扭器安装在一起。

拆卸时，应先拆下前轮轮胎和边减速器的两个螺栓，拧下增扭器端盖螺栓，取下端盖，松开变速箱主动轴端头的舌型锁片，卸下紧固螺母，然后取下离合器与增扭器总成。

如果需要分解，在分解离合器和增扭器之前，要在所有部件上打上对应的标记，以防组装时错位，因为它们整体作了动平衡校正，破坏了动平衡会损坏主动轴或变速带。

离合器拆装完以后应调整离合器间隙，调整时注意：保证 3 个分离压爪到离合器壳体加工表面的垂直距离为（27±0.5）mm，如距离不对或 3 个间隙不准、不一致可通过分离杠杆上的调整螺钉调整。

分离轴承是装在分离轴承架上的，轴承架与导套间经常有相对运动，所以应保证它的润滑。离合器上方的油杯是为该处润滑的，在工作期间每天应向里拧一圈。注意：这个油杯里装的是润滑脂，油杯盖拧到底后，应卸下，再向油杯里注满润滑脂。

离合器的使用要求是接合平稳、分离彻底。不要把离合器当做减速器使用，经常半踏离合器会导致离合器过热，造成损坏。有时离合器分离不彻底，可将离合器拉杆调短几毫米；也有可能是离合器连杆的联接锥销松动或失灵而造成的，应经常检查。

5. 变速箱

变速箱内有 2 根轴。它有 3 个前进挡，1 个倒挡。Ⅰ挡速度为 1.49~3.56km/h；Ⅱ挡速度为 3.442~7.469km/h；Ⅲ挡速度为 9.308~20.324km/h；倒挡速度为 2.86~7.92km/h。

如果掉挡，应调整变速软轴。调整时，应先将变速杆置于空挡位置，然后再松开两根软轴的固定螺母，调整软轴长度，使变速手柄处于中间位置，紧固两根变速软轴，在驾驶室中检查各个挡位的情况。

对于新的收割机来说，变速箱工作 100h 后应将齿轮油换掉，以后每过 500h 更换一次。变速箱的加油口也是检查口，平地停车加油时应加到该口处流油为止。变速箱加的应是 80W/90 或 85W/90 齿轮油。末级传动的用油状况与变速箱相同。

6. 制动机构

制动机构上有坡地停车装置。如果收割机在坡地处停车，应踩下制动踏板，将锁片锁在驾驶台台面上，确认制动可靠后方可抬脚，正常行驶前应将锁片松开恢复到原来的状态。

制动器为蹄式，装在从动轴上。制动鼓与从动轴通过花键联接在一起，制动蹄则通过螺栓装在变速箱壳体上。当踏下踏板时，制动臂推动制动蹄向外张开，并与制动鼓靠紧，从而使从动轴停止转动，实现制动。制动间隙是制动蹄与制动鼓之间的自由间隙，反映到脚踏板上，其自由行程应为 20~30mm，调整部位是制动器下方的螺栓。使用期间应经常检查制动连杆部位有无松动现象，如有问题应及时解决，以保证行车安全。

7. 转轮桥

这里需注意的是如何调整前束，正确调整转向轮前束可以防止轮胎过早磨损。调整时后边缘测量尺寸应比前边缘测量尺寸大 6~8mm，拧松两侧的紧固螺栓，转动转向拉杆即可调整转向前束。

8. 轮胎气压

驱动轮胎压为 280kPa，转向轮胎压为 240kPa。

三、谷物联合收割机使用注意事项

（一）动力机构使用注意事项

发动机是收割机的关键部件，要保证发动机各个零部件的状态良好，并严格按照发动机使用说明书的要求使用。

1.润滑系统的使用注意事项

（1）机油油位的检查。取出油尺，油位应在上下刻线之间。如果低于下刻线，会影响整台发动机的润滑，应当补充机油，上边有机油加油口。如果油位高于上刻线，应当将油放出，下边有放油口，机油过多将会出现烧机油等故障。

（2）机油油号的选择。3080型收割机所配发动机要求使用机油的等级是CC级（注：这里的CC级和下面的CD级均是指品质等级，我国和美国所用的品质等级代号相同）柴油机油，其中玉柴发动机推荐使用CD级机油，夏季使用SAE40（注：这里的SAE40和下面的SAE15W/40等是指黏度等级，一般表示时不用前缀"SAE"。如品质等级为CD级、黏度等级为40号的机油，直接写作CD40机油即可），冬季使用SAE30或SAE20。也可使用SAE15W/40，这种机油属于复合型机油，冬夏都可使用，机器出厂时加的就是15W/40机油。

（3）机器的换油周期。对于新车来说，运转60h时换新机油，以后每运转150h将油底壳的机油放掉，加入新机油，要求在热车状态下换机油。

2.燃油系统使用注意事项

（1）柴油油号的选择。发动机要求使用0号以上的轻柴油，油号是0号、−10号、−20号、−35号，油号也表示K这种柴油的凝点，所选用的牌号要根据当地气温而定，保证所选用柴油的凝点比最低环境温度要低5℃以上。

（2）3080型收割机油箱容量是110L，所加的柴油可达到滤网的下边缘，油箱不要用空。其下部是排污口。每天作业以后将沉淀24h以上的柴油加入油箱，并在每天工作前，打开排污口，将沉淀下来的水和杂质放出。

（3）柴油滤清器的保养。工作期间应根据柴油的清洁度定期清理柴油滤清器，不要在柴油机功率不足、冒黑烟的情况下才进行清理。清理柴油机滤清器时，应卸下滤芯，用柴油清洗干净。

3. 冷却系统使用注意事项

冷却系统是保证发动机有一正常工作温度的工作系统之一，它包括防尘罩、水箱、风扇和水泵等。

（1）冷却水位的检查。打开水箱盖，检查水位是否达到散热片上边缘处，如不足应补充，否则将引起发动机高温。

（2）冷却水的添加。停车加满水后，启动发动机，暖车后水箱的液面会下降，必须进行二次加水，否则将引起发动机高温。

（3）发动机有 3 个放水阀，分别在机体上、水箱下、机油散热器下，结冻前必须打开 3 个放水阀把所加的普通水放掉。

4. 进气系统的使用注意事项

进气系统是向发动机提供充足、干净空气的系统，为了达到这个目的，进气系统安装了粗滤器。粗滤器可以滤除空气中的大粒灰尘，保养时应经常清理皮囊内的灰尘。如发现发动机排气系统冒黑烟，并且功率不足，应清理空气细滤器，拧下端盖旋钮，取下端盖，然后取出滤芯清理。一般情况下，用简单保养方法即可：放在轮胎上，轻轻地拍击以除去灰尘。一般每天要进行两次保养。

（二）液压系统使用注意事项

3080 型联合收割机的液压系统操纵的是割台升降、拨禾轮升降、行走无级变速和行走转向 4 部分，是将发动机输出的机械能通过液压泵转换成液压能，通过控制阀，液压油再去推动油缸，从而重新转变成机械能去操纵相关部分。系统压力的大小取决于工作部件的负荷，即压力随着负载大小而变化。

液压系统要求使用规定的液压油，品种和牌号是 N46 低凝稠化液压油，不可使用低品质液压油或其他油料，否则系统就会产生故障。

液压油在循环中将源源不断地产生热量，油箱也是散热器，必须保证油箱表面的清洁以免影响散热，油箱容积是 15L。

在各工作油缸全部缩回时，将油加到加油口滤网底面上方 10~40mm。要求 500h 或收获季节结束时换液压油，同时更换滤清器。

更换滤清器时可以手用力拧，也可用加力杠杆拧下。滤清器与其座之间的密封件要完好，安装前在密封件上应涂润滑油。拧紧时要在密封件刚刚压紧后再紧 3/4~4/5 圈，不要过紧，运转时如果漏油，可再紧一下。

液压手柄在使用操作后应当能够自动回中，否则会使液压系统长时间高压回油，产生高温，造成零部件损坏。液压系统正常的使用温度不应超过60℃。

全液压转向机工作省力，正常使用动力转向只需 5N·m 的扭矩，如果出现转向沉重现象应排除故障。

转向沉重的可能原因如下：液压油油量偏少；液压油牌号不正确或变质；液压泵内泄较严重；转向盘舵柱轴承生锈；转向机人力转向的补油阀封闭不严；转向机的安全阀有脏物卡住或压力偏低。

转向失灵的可能原因如下：弹片折断；拔销折断；联动轴开口处折断或变形；转子与联动轴的相互位置装错；双向缓冲阀失灵；转向油缸失灵。

另外，要注意转向机进油管和回油管的位置不可相互接反，否则将损坏转向机。

新装转向机的管路内常存有空气，在启动之前要反复向两个方向快速转动转向盘以排气。

（三）电气系统使用注意事项

3080 型联合收割机的电气系统采用负极搭铁，直流供电方式，电压是12V。

电气系统包括电源部分、启动部分、仪表部分和信号照明部分等，合理、安全使用电气部分有重要意义。

启动用蓄电池型号是 6-Q-165。要经常检查电解液液面高度，电解液液面高度应高于极板 10~15mm，如果因为泄漏而液面降低，应添加电解液，电解液的密度一般是 $1.285g/cm^3$；如果因为蒸发而液面降低，应添加蒸馏水。禁止添加浓硫酸或者质量不合格的电解液以及普通水。

在非收获季节，要将蓄电池拆下，放在通风干燥处，每月充电一次。6-Q-165 型蓄电池用不大于 16.5A 的电流充电。

启动发动机以后，启动开关应能自动回位，如果不能自动回位，需要修理或更换，否则将烧毁启动电机。

启动电机每次启动时间不允许超过 10s，每次启动后需停 2min 再进行第二次启动，连续启动不可超过 4 次。

发电机是硅整流三相交流发电机，与外调节器配套使用。禁止用对地打火的方法检查发电机是否发电，要注意清理发电机上的灰尘和油垢。

保险丝有总保险和分保险两种。总保险在发动机上，容量为30A；分保险在驾驶座下。禁止使用导线或超过容量的保险丝代替，以保证安全。

使用前和使用中，注意检查各导线与电器的连接是否松动，是否保持良好接触。此外，应杜绝正极导线裸露搭铁，以保安全。

四、常见故障及排除方法

1.收割台部分故障及排除方法

收割台部分出现割刀堵塞，可能是因为：遇到石块、木棍、钢丝等障碍物；动、定刀片间隙过大，塞草；刀片或护刃器损坏；作物茎秆太低、杂草过多；动、定刀片位置不"对中"。相对应的排除方法为：立即停车，清理故障物；正确调整刀片间隙；更换损坏刀片或护刃器；适当提高割茬；重新"对中"调整。

收割台部分出现切割器刀片及护刃器损坏，可能是因为：硬物进入切割器；护刃器变形；定刀片高低不一致；定刀片铆钉松动。相对应的排除方法为：清除硬物、更换损坏刀片；校正或更换护刃器；重新调整定刀片，使高低一致；重新铆接定刀片。

收割台部分出现割刀木连杆折断，可能是因为：割刀阻力太大（如塞草、护刃器不平、刀片断裂、变形、压刃器无间隙）；割刀驱动机构轴承间隙太大；木连杆固定螺钉松动；木材质地不好。相对应的排除方法为：排除引起阻力太大的故障；更换磨损超限的轴承；检查、紧固螺钉；选用质地坚实硬木作木连杆。

收割台部分出现刀杆（刀头）折断，可能是因为：割刀阻力太大；割刀驱动机构安装调整不正确或松动。相对应的排除方法为：排除引起阻力太大的故障；正确安装调整驱动装置。

收割台部分出现收割台前堆积作物，可能是因为：割台搅龙与割台底间隙太大；茎秆短、拨禾轮太高或太偏前；拨禾轮转速太低、机器前进速度太快；作物短而稀。相对应的排除方法为：按要求视作物长势，合理调整间隙；尽可能降低割茬，适当调整拨禾轮高、低、前、后位置；合理调整拨禾轮转速和收割机的前进速度；适当提高机器前进速度。

收割台部分出现作物在割台搅龙上架空喂入不畅，可能是因为：机器前进速度偏快；拨指伸出位置不正确；拨禾轮离喂入搅龙太远。相对应的排除方法为：降低机器前进速度；应使拨指在前下方时伸入最长；适当后移拨禾轮。

收割台部分出现拨禾轮打落籽粒太多，可能是因为：拨禾轮转速太高；拨禾轮位置偏前，打击次数多；拨禾轮高，打击穗头。相对应的排除方法为：降低拨禾轮转速；后移拨禾轮；降低拨禾轮高度。

收割台部分出现拨禾轮翻草，可能是因为：拨禾轮位置太低；拨禾轮弹齿后倾角偏大；拨禾轮位置偏后。相对应的排除方法为：调高拨禾轮工作位置；按要求调整拨禾轮弹齿角度；拨禾轮适当前移。

收割台部分出现拨禾轮轴缠草，可能是因为：作物长势蓬乱；茎秆过高、过湿、草多；拨禾轮偏低。相对应的排除方法为：停车排除缠草；停车排除缠草；适当提高拨禾轮位置。

收割台部分出现被割作物向前倾倒，可能是因为：机器前进速度偏高；拨禾轮转速偏低；切割器上壅土堵塞；动刀片切割往复速度太低。相对应的排除方法为：适当降低收割速度；适当调高拨禾轮转速；清理切割器壅土，适当提高割茬；调整驱动皮带张紧度。

收割台部分出现倾斜输送器链耙拉断，可能是因为：链耙失修、过度磨损；链耙调整过紧；链耙张紧调整螺母未靠在支架上，而是靠在角钢上。相对应的排除方法为：修理或更换新耙齿；按要求调整链耙张紧度；注意调整螺母一定要靠在支架上，保证链耙有回缩余量。

2. 脱谷部分故障及排除方法

脱谷部分出现滚筒堵塞，可能是因为：喂入量偏大，发动机超负荷；作物潮湿；滚筒凹板间隙偏小；发动机工作转速偏低，严重变形。相对应的排除方法为：停车熄火清除堵塞作物；控制喂入量，避免超负荷，适当收割；合理调整滚筒间隙；发动机一定要保证额定转速工作。

脱谷部分出现谷粒破碎太多，可能是因为：滚筒转速过高；滚筒间隙过小；作物"口松"、过熟；杂余搅龙籽粒偏多；复脱器装配调整不当。相对应的排除方法为：合理调整滚筒转速；适当放大滚筒凹板间隙；适期收割；合理调整清选室风量、风向及筛片开度；依实际情况调整复脱器搓板数。

脱谷部分出现滚筒脱粒不净率偏高，可能是因为：发动机转速不稳定，滚筒转速忽高忽低；凹板间隙偏大；超负荷作业；纹杆或凹板磨损超限或严重变形；作物收割期偏早；收水稻仍采用收麦的工作参数。相对应的排除方法为：保证发动机在额定转速下工作，将油门固定牢固，不准用脚油门；合理调整间隙；避免超负荷作业，根据实际情况控制作业速度，保证喂入量稳定、均匀；更换磨损超限和变形的纹杆、凹板；适期收割；收水稻一定采用收水稻的工作参数。

脱谷部分出现既脱不净又破碎较多，甚至有漏脱穗，可能是因为：纹杆、凹板弯曲扭曲变形严重；板齿滚筒转速偏高，而板齿凹板齿面未参与工作；板齿滚筒转速偏低，而板齿凹板齿面参与工作；活动凹板间隙偏大，滚筒转速偏高；轴流滚筒转速偏高。相对应的排除方法为：更换纹杆、凹板；滚筒保持额定转速工作，将凹板齿面调至工作状态；滚筒保持额定转速工作；规范调整滚筒转速和凹板间隙；降低轴流滚筒转速至标准值。

脱谷部分出现滚筒转速不稳定或有异常声音，可能是因为：喂入量不均匀，存在瞬时超负荷现象；滚筒室有异物；螺栓松动、脱落或纹杆损坏；滚筒不平衡；滚筒产生轴间窜动与侧臂产生摩擦；轴承损坏。相对应的排除方法为：灵活控制作业速度、避免超负荷作业，保证喂入量均匀、稳定；停车、熄火排除滚筒室异物；停车、熄火重新紧固螺栓，更换损坏纹杆；重新平衡滚筒；调整并紧固牢靠；更换轴承。

脱谷部分出现排出的茎秆中夹带籽粒偏多，可能是因为：逐稿器（键式）曲轴转速偏低或偏高；键面筛孔堵塞；挡草帘损坏、缺损；横向抖草器损坏；作物潮湿、杂草多；超负荷作业。相对应的排除方法为：保证曲轴转速在规定范围内（$R = 50mm$ 时，$n = 180 \sim 220 \ r/min$）；经常检查，清除堵塞物；修复补齐挡草帘；修复抖草器；适期收割；控制作业速度，保证喂入量均匀，不超负荷作业。

脱谷部分出现排出的杂余中籽粒含量偏高，可能是因为：筛片开度偏小；风量偏大籽粒被吹出机外；喂入量偏大；滚筒转速高，脱粒间隙小茎秆太碎；风量、风向调整不当。相对应的排除方法为：适当调大筛片开度；合理调整风量；减小喂入量；控制滚筒在额定转速下工作，适当调大脱粒间隙；合理调整风量风向。

脱谷部分出现逐稿器木轴瓦有声响，可能是因为：木轴瓦间隙过大；木轴瓦螺栓松动。相对应的排除方法为：调整木轴瓦间隙；拧紧松动的螺栓。

脱谷部分出现粮食中含杂偏高，可能是因为：上筛前端开度大；风量偏小，风向调整不当。相对应的排除方法为：适当减小筛片开度；适当调大风量和合理调整风向。

脱谷部分出现杂余中粮粒太多，可能是因为：风量偏小；下筛开度偏大；尾筛后部抬得过高。相对应的排除方法为：加大风量；减小下筛开度；降低尾筛后端高度。

脱谷部分出现粮食穗头太多，可能是因为：上筛前端开度太大；风量太小；滚筒纹杆弯曲、凹板弯曲扭曲变形严重；钉齿滚筒钉齿凹板装配不符合要求，偏向一侧；复脱器搓板少，或磨损。相对应的排除方法为：适当调整减小筛片开度；合理调大风量；更换损坏的纹杆或凹板；调整装配关系，保证每个钉齿两侧间隙大小一致；修复复脱器，增加搓板。更换磨损超限的搓板。

脱谷部分出现升运器堵塞，可能是因为：刮板链条过松；皮带打滑；作物潮湿。相对应的排除方法为：停车熄火排除堵塞，调整链条紧度；张紧皮带紧度；适期收割。

脱谷部分出现复脱器堵塞，可能是因为：安全离合器弹簧预紧力小；皮带打滑；作物潮湿；滚筒脱出物太碎、杂余太多。相对应的排除方法为：停机熄火，清除堵塞，安全弹簧预紧力调至标准；调整皮带紧度；适期收割；合理调整滚筒转速和脱粒间隙。

3. 行走系统故障及排除方法

行走系统出现行走离合器打滑，可能是因为：分离杠杆不在同一平面内；分离轴承注油太多、摩擦片进油；摩擦片磨损超限，弹簧压力降低，或摩擦片铆钉松动；压盘变形。相对应的排除方法为：调整分离杠杆螺母；注意不要注油太多。彻底清洗摩擦片；更换磨损的摩擦片；更换变形压盘。

行走系统出现行走离合器分离不清，可能是因为：分离杠杆与分离轴承之间间隙偏大，主被动盘分离不彻底；分离杠杆和分离轴承间隙不等，主被动盘不能彻底分离；分离轴承损坏。相对应的排除方法为：调整其间隙至标准；检查调整其间隙，分离杠杆指端应在同一平面内，偏差不超出 ±0.5 mm，否则应更换膜片弹簧；更换分离轴承。

行走系统出现挂挡困难或掉挡，可能是因为：离合器分离不彻底；小制动器制动间隙偏大；工作齿轮啮合不到位；换挡轴锁定机构不能定位；推拉软轴拉长。相对应的排除方法为：及时调整离合器分离轴承间隙；及时调整小制动器间隙；调整软轴长度；调整锁定机构弹簧预紧力；调整推拉软轴调整螺母。

行走系统出现变速箱工作有响声，可能是因为：齿轮严重磨损；轴承损坏；润滑油油面不足或油号不对。相对应的排除方法为：更换新齿轮；更换新轴承；检查油面和油型。

行走系统出现变速范围达不到，可能是因为：变速油缸工作行程达不到要求；变速油缸工作时不能定位；动盘滑动副缺油卡死；行走皮带拉长打滑。相对应的排除方法为：系统内泄，送修理厂检修；系统内泄，送修理厂检修；及时润滑；调整无级变速轮张紧架。

行走系统出现最终传动齿轮室有异声，可能是因为：边减半轴窜动；轴承没注油或进泥损坏；轴承座螺栓和紧定套未锁紧固定螺钉。相对应的排除方法为：检查边减半轴固定轴承和轮轴；更换轴承，清洗边减齿轮；拧紧螺栓和紧定套。

行走系统出现行走无级变速器皮带过早磨损和拉断，可能是因为：产品质量差；叉架与机器侧臂不平行，叉架轴与叉架套装配间隙过大；中间盘盘毂与边盘盘毂间隙过大，工作中中间盘摆动；限位挡块调整不当，超过正常无级变速范围，三角带常落入中间盘与边盘的斜面内部，皮带局部受夹、打滑；三角皮带太松，产生剧烈抖动打滑；驱动轮（或履带）沾泥挤泥，污染三角带造成打滑；行走负荷重（阴雨泥泞）。相对应的排除方法为：选用合格产品；装配时保证叉架与机器侧臂的平行和叉架轴与叉架套配合间隙正确；调整正确的装配间隙；正确调整挡块位置；注意随时调整三角带张紧度；经常清理驱动轮粘泥；行走负荷重时，应停车变速，尽量避免重负荷时使用无级变速。

4.液压系统常见故障及排除方法

液压系统出现液压系统所有油缸接通分配器时，不能工作，可能是因为：油箱油位过低；油泵未压油；安全阀的调整和密封不好；分配器位置不对；滤清器被脏物堵塞。相对应的排除方法为：加油至标准位置；检查修理油泵；调整或更换；检查调整；清洗滤清器。

液压系统出现割台和拨禾轮升降迟缓或根本不能升降，可能是因为：溢流阀工作压力偏低；油路中有空气；滤清器被脏物堵塞；齿轮泵内泄；齿轮泵传动带未张紧；油缸节流孔堵塞；油管漏油或输油不畅。相对应的排除方法为：按要求调整溢流阀工作压力；排气；清洗滤清器；检查泵内卸压片密封圈和泵盖密封圈；按要求张紧传动带；卸开油缸接头、清除脏物；更换油管。

　　液压系统出现收割台或拨禾轮升降不平稳，可能是因为：油路中有空气。相对应的排除方法为：在油缸接头处排气。

　　液压系统出现割台升不到所需高度，可能是因为：油箱内油太少。相对应的排除方法为：加至规定油面。

　　液压系统出现割台和拨禾轮在升起位置时自动下降，可能是因为：油缸密封圈漏油；分配阀磨损漏油或轴向位置不对；单向阀密封不严。相对应的排除方法为：更换密封圈；修复或更换滑阀及操纵机构；研磨单向阀锥面及更换密封胶圈。

　　液压系统出现油箱内有大量泡沫，可能是因为：油箱进入空气或水；油泵内漏吸入空气。相对应的排除方法为：拧紧吸油管，修复油泵密封件，更换油封，有水时应更换新油；检查并加以密封。

　　液压系统出现液压转向跑偏，可能是因为：转向器拨销变形或损坏；转向弹簧片失效；联动轴开口变形。相对应的排除方法为：送专业修理厂。

　　液压系统出现液压转向慢转轻、快转重，可能是因为：油泵供油不足，油箱不满。相对应的排除方法为：检查油泵工作是否正常，保证油面高度。

　　液压系统出现方向盘转动时，油缸时动时不动，可能是因为：转向系统油路中有空气。相对应的排除方法为：排气并检查吸油管路是否漏气。

　　液压系统出现转向沉重，可能是因为：油箱不满；油液黏度太大；分流阀的安全阀工作压力过低或被卡住；阀体、阀套、阀芯之间有脏物卡住；阀体内钢球单向阀失效。相对应的排除方法为：加油至要求油面；使用规定油液；调整、清洗分流阀的安全阀；清洗转向机；如钢球丢失，应重补装钢球；如有脏物卡住，应清洗钢球。

　　液压系统出现安全阀压力偏低或偏高，可能是因为：安全阀开启压力调整不合适；弹簧变形，压力偏小或过大。相对应的排除方法为：在公称流量情况下，调安全阀压力；检查弹簧技术状态和安装尺寸，增加或减少调压垫片。

　　液压系统出现稳定公称流量过大，可能是因为：分流阀阀芯被杂质卡住；分流阀阀芯弹簧压缩过大；阀芯阻尼孔堵塞。相对应的排除方法为：清洗阀芯，更换液压油；检查装配情况，调整弹簧压力；清洗阻尼孔道，更换清洁液压油。

　　液压系统出现方向盘压力振摆明显增加，甚至不能转动，可能是因为：拨销或联动器开口折断或变形。相对应的排除方法为：更换损坏件。

　　液压系统出现稳定公称流量偏低，可能是因为：配套油泵容积效率下降，油泵在发动机低速时,供油不足,低于稳定公称流量;分流阀阀芯或安全阀阀芯被杂质卡住;阀芯弹簧或安全阀弹簧损坏或变形;分流阀阀芯或安全阀阀芯磨损,间隙过大,内漏增大;安全阀阀座密封圈损坏。相对应的排除方法为:更换或修复油泵;清洗阀芯,并更换清洁液压油;更换新弹簧;更换新阀芯;更换新密封圈。

液压系统出现转向失灵、方向盘不能自动回中,可能是因为:弹簧片折断。相对应的排除方法为:更换新品。

液压系统出现方向盘回转或左右摆动,可能是因为:转子与联动器相互位置装错。相对应的排除方法为:将联动器上带冲点的齿与转子花键孔带冲点的齿相啮合。

液压系统出现油泵工作时噪声过大,可能是因为:油箱中油面过低;吸油路不畅通;吸油路密封不严吸入空气。相对应的排除方法为:加油至要求油面高度;检查疏通不畅油路;检查并加以密封。

液压系统出现卡套式接头漏油,可能是因为:被连接管未对正接头体,或螺母未按正确方法拧紧。相对应的排除方法为:被连接管对准接头体内正接端面。然后边拧紧螺母,边转动管子,当转子不能转动时,继续旋紧螺母1~4/3圈为宜。安装前卡套刃口端面与管口端面预留 6 mm 左右距离,拧接头时,不准扭转管子。

液压系统出现无级变速器油缸进退迟缓,可能是因为:溢流阀工作压力偏低;油路中有空气;滤清器堵塞;齿轮泵内漏;齿轮泵传动皮带松;油缸节流孔堵塞。相对应的排除方法为:按要求调溢流阀工作压力至标准;排气;清洗滤清器;检查更换密封圈;张紧传动皮带;卸掉油缸接头,清除脏物。

液压系统出现无级变速器换向阀居中,油缸自动退缩,可能是因为:油缸密封圈失效;阀体与滑阀因磨损或拉伤间隙增大,油温高,油黏度低;滑阀位置没有对中;单向阀(锥阀)密封带磨损或粘脏物。相对应的排除方法为:更换密封圈;送专业厂修理或更换滑阀,油面过低加油,选择适合的液压油;使滑阀位置保持对中;更换单向阀或清除污物。

液压系统出现无级变速器油缸进退速度不平稳,可能是因为:油路中有空气;溢流阀工作不稳定;油缸节流孔堵塞。相对应的排除方法为:排气;更换新弹簧;卸开接头、清除污物。

液压系统出现熄火转向时,方向盘转动而油缸不动(不转动),可能是因为:

转子和定子的径向间隙或轴向间隙过大。相对应的排除方法为：更换转子。

5. 电气系统故障及排除方法

电气系统出现蓄电池经常供电不足，可能是因为：发电机或调节器有故障，没有充电电流；充电线路或开关触点锈蚀，接头松动，充电电阻增高；蓄电池极板变形短路；蓄电池内电解液太少或比重不对；发电机皮带太松。相对应的排除方法为：检修发电机、调节器；清除触点锈蚀、拧紧各接线头；更换干净电解液，更换变形极板；添加电解液至标准，检查比重；张紧皮带。

电气系统出现蓄电池过量充电，可能是因为：调节器不能维持所需要的充电。相对应的排除方法为：电压调整或更换调节器。

电气系统出现蓄电池充电不足（充不进电），可能是因为：极板硫化严重；电解液不纯；极板翘曲。相对应的排除方法为：更换极板；更换纯度高的电解液；更换新极板。

电气系统出现起动机不转，可能是因为：保险丝熔断；接头接触不良或断路；蓄电池没电或电压太低；电刷、换向器或电源开关触点接触不良；起动机内部短路或线圈烧毁。相对应的排除方法为：更换保险丝；检查清理接头、触点和线路；蓄电池充电或更换新蓄电池；调整电刷弹簧压力，清理各接触点；更换新起动机。

电气系统出现起动机有吸铁声，但无力启动发动机，可能是因为：蓄电池电压过低；电源开关的铁芯行程不对；环境温度太低；起动机内部故障。相对应的排除方法为：充电、补充电解液，或更换新蓄电池；通过偏心螺钉调整；更换新起动机；更换新起动机。

电气系统出现发动机启动后，齿轮不能退出，可能是因为：开关钥匙没回位；电源开关的触点熔在一起；电源开关行程没调好。相对应的排除方法为：启动后，开关钥匙应立即回位；锉平或用砂纸打光触点；调整偏心螺钉。

电气系统出现发电机不能发电或发电不足，可能是因为：线路接触不良或接错；定子或转子线圈损坏；电刷接触不良；调节器损坏；皮带太松。相对应的排除方法为：对照电路图和接线图检查并保证各接点接触良好；换新发电机；调整或换新炭刷；换新调节器；张紧皮带。

电气系统出现仪表不指示，可能是因为：线路接触不良；保险丝熔断；传感器损坏。相对应的排除方法为：检查并拧紧螺钉；换新保险丝；换新传感器。

电气系统出现灯泡不亮，可能是因为：开关损坏，线路接触不好；保险丝熔断，灯泡坏。相对应的排除方法为：换新开关，检查拧紧各接触点；换相同规格保险丝，换灯泡。

6. 发动机常见故障及排除方法

发动机工作时震动大（不平稳），可能是因为：机油不足；燃油系统进气；供油提前角不正确；喷油器阀体烧毁黏着；发动机内部问题。相对应的排除方法为：添加对号机油至标准油面；排气；送专业厂（所）修理；送专业厂（所）修理；送专业厂（所）修理。

发动机启动困难或不能启动，可能是因为：无燃油；油水分离器滤芯堵塞；燃油系统内有水、污物或空气；燃油滤芯堵塞；燃油牌号不正确；启动回路阻抗过高；曲轴箱机油黏度值过高；喷油嘴有污物或失效；喷油泵失效；发动机内部问题。相对应的排除方法为：加油，并给供油系统排气；清洗或更换新滤芯；定期放油箱沉淀，加清洁燃油，排气；更换滤芯、排气；使用适合于使用条件的燃油；清理、紧固蓄电池及起动继电器上的线路；换用黏度和质量合格的机油；修理或更换新油嘴；送修理厂修理、校正油泵；送修理厂修理。

发动机运转不稳定，经常熄火，可能是因为：冷却水温太低；油水分离器滤芯堵塞；燃油滤芯堵塞；燃油系统内有水、污物或空气；喷油嘴有污物或失效；供油提前角不正确；气门推杆弯曲或阀体黏着。相对应的排除方法为：运转预热水温超过60℃时工作；更换滤芯；更换滤芯并排气；排气、冲洗重新加油并排气；送专业厂（所）修理；送专业厂（所）修理；送专业厂（所）修理。

发动机功率不足，可能是因为：供油量偏低；进气阻力大；油水分离器滤芯堵塞；发动机过热。相对应的排除方法为：检查油路是否通畅，是否有气，校正油泵；清洁空气滤清器；更换滤芯；参看"发动机过热故障"排除。

发动机过热，可能是因为：冷却水不足；散热器或旋转罩堵塞；旋转罩不转动；风扇传动带松动或断裂；冷却系统水垢太多；节温器失灵；真空除尘管堵塞；风扇转速低；风扇叶片装反。相对应的排除方法为：加满水，并检查散热器及软管是否渗漏；清理散热器和旋转罩（防尘罩）；传动带脱落或断裂，更换；更换损坏传动带；彻底清洗、排垢；更换新品；清理除尘管；调整皮带紧度；重新正确装配。

发动机机油压力偏低，可能是因为：机油液面低；机油牌号不正确；机油散热器堵塞；油底壳机油污物多，吸油滤网堵塞。相对应的排除方法为：加至标准液面；更换正确牌号机油；清除堵塞或送专业人员修理；更换清洁机油，清洗滤网。

发动机机油消耗过大，可能是因为：进气阻力大；系统有渗漏；曲轴箱机油黏度低；机油散热器堵塞；拉缸或活塞环对口；发动机压缩系统磨损超限。相对应的排除方法为：检查清理空气滤清器，清理进气口；检查管路、密封件和排放塞等是否渗漏；换用标号正确的机油；清理堵塞；送专业人员修理。

发动机燃油耗量过高，可能是因为：空气滤清器堵塞或有污物；燃油标号不对；喷油器上有污物或缺陷；发动机正时不正确；油泵供油量偏大；供油系统渗漏严重。相对应的排除方法为：清除堵塞、清理过滤元件；换用标号正确燃油；送专业人员修理，重调标准供油量；检查清理排气不畅。

发动机冒黑烟或灰烟，可能是因为：空气滤清器堵塞；燃油标号不正确；喷油器有缺陷；油路内有空气；油泵供油量偏大；供油系统渗漏。相对应的排除方法为：清除堵塞；更换符合要求标号燃油；换新件或送专业人员修理；排气；检查清理排气不畅；请专业人员修理。

发动机冒白烟，可能是因为：发动机机体温度太低；燃油牌号不正确；节温器有缺陷；发动机正时不正确。相对应的排除方法为：预热发动机至正确工作温度；使用十六烷值的燃油；拆卸检查或更换新品；送专业人员修理。

发动机出现冒蓝烟，可能是因为：发动机活塞环对口；发动机压缩系统磨损超限；新发动机未磨合；曲轴箱油面过高。相对应的排除方法为：重新安装活塞环；送专业人员修理、更换磨损超限零件；按规范磨合发动机；放沉淀、使油面降至标准。

第三节　玉米果穗联合收割机的使用与维护

玉米是我国主要粮食作物之一，种植面积大，玉米收割机械的发展很快，购买玉米收割机的用户日趋增多。然而玉米收割机技术含量高，对农民来说是一种新型农机具，而且玉米联合收割机结构复杂，运动部件多，作业环境差，农民对玉米收割机的使用和维护保养知识还比较缺乏。

一、玉米果穗联合收割机的构造及工作过程

约翰迪尔 6488 型玉米果穗联合收割机是约翰迪尔佳联收获机械有限公司在吸收国内外玉米果穗联合收割机技术的基础上，自主研发的玉米收获机械。该机设计新颖，在割台、剥皮、茎秆粉碎处理等方面进行大胆创新，适合我国东北玉米种植的农艺要求。该机可以一次完成玉米果穗收获的全过程作业。专用于玉米果穗收获，满足国内玉米收获水分过多、不易直接脱粒的特点。具有结构紧凑、性能完善、作业效率高、作业质量好等优点。

约翰迪尔 6488 型玉米果穗联合收割机主要由割台（摘穗）、过桥、升运器、剥皮机（果穗剥皮）、籽粒回收箱、粮箱、卸粮装置、传动装置、切碎器（秸秆还田）、发动机部分、行走系统、液压系统、电气系统和操作系统等组成。

当玉米果穗联合收割机进入田间收获时，分禾器从根部将禾秆扶正并导向带有拨齿的拨禾链，拨禾链将茎秆扶持并引向摘穗板和拉茎辊的间隙中，每行有一对拉茎辊将禾秆强制向下方拉引。在拉茎辊上方设有两块摘穗板。两板之间间隙（可调）较果穗直径小，便于将果穗摘落。已摘下的果穗被拨禾链带到横向搅龙中，横向搅龙再把它们输送到倾斜输送器，然后通过升运器均匀地送进剥皮装置，玉米果穗在星轮的压送下被相互旋转的剥皮辊剥下苞叶，剥去苞叶的果穗经抛送轮拨入果穗箱；苞叶经下方的输送螺旋推向一侧，经排茎辊排出机体外。剥皮过程中部分脱落的籽粒回收在好粒回收箱中，当果穗集满后，由驾驶员控制粮箱翻转完成卸粮；被拉茎秆连同剥下的苞叶被切碎器切碎还田。

二、玉米果穗联合收割机的使用调整

（一）割台

割台主要由分禾器、摘穗板、拉茎辊、拨禾链、齿轮箱、中央搅龙、橡胶挡板组成。

1. 分禾器的调节

作业状态时，分禾器应平行地面，离地面 10~30cm；收割倒伏作物时，分禾器要贴附地面仿形；收割地面土壤松软或湿地时，分禾器要尽量抬高防止石头或杂物进入机体内。

收割机公路行走时，需将分禾器向后折叠固定，或拆卸固定，可防止分禾器意外损坏。分禾器通过开口销（B）与护罩连接，将开口销（B）、销轴（A）拆除，即可拆下分禾器。

2. 挡板的调节

橡胶挡板（A）的作用是防止玉米穗从拨禾链内向外滑落，造成损失。当收割倒伏玉米或在此处出现拥堵时，要卸下挡板，防止推出玉米。卸下挡板后，与固定螺栓一起存放在可靠的地方保留。

3. 喂入链、摘穗板的调节

喂入链的张紧度是由弹簧自动张紧的。弹簧调节长度 L 为 11.8~12.2cm。摘穗板（B）的作用是把玉米穗从茎秆上摘下。安装间隙：前端为 3cm，后端为 3.5~4cm。摘穗板（B）开口尽量加宽，以减少杂草和断茎秆进入机器。

4. 拉茎辊间隙调整

拉茎辊用来拉引玉米茎秆。拉茎辊位于摘穗架的下方，平行对中，中心距离 L=8.5~9cm，可通过调节手柄（A）调节拉茎辊之间的间隙。

为保持对称，必须同时调整一组拉茎辊，调整后拧紧锁紧螺母。拉茎辊间隙过小，摘穗时容易掐断茎秆；拉茎辊间隙过大，易造成拨禾链堵塞。

5. 中央搅龙的调整

为了顺利、完整地输送，搅龙叶片应尽可能地接近搅龙底壳，此间隙应小于 10mm，过大易造成果穗被啃断、掉粒等损失；过小刮碰底板。

（二）倾斜输送器

倾斜输送器又称过桥，起到连接割台和升运器的作用。倾斜输送器围绕上部传动轴旋转来提升割台，确保机器在公路运输和田间作业时割台离地面能够调整到合适的间隙。

作物从过桥刮板上方向后输送。观察盖用于检查链把的松紧。在中部提起刮板，刮板与下部隔板的间隙应为（60±15）mm。两侧链条松紧一致。出厂时两侧的螺杆长度为（52±5）mm，作业一段时间后，链节可能伸长，需要及时调整。

调整方法是：用扳手将紧固于固定板 C 两侧的螺母 B 旋入或旋出以改变 X 的数值。

（三）升运器

升运器的作用是从倾斜输送器得到作物，然后将玉米输送到剥皮机。升运器中部和上部有活门，用于观察和清理。

1. 升运器链条调整

升运器链条松紧是通过调整升运器主动轴两端的调节板的调整螺栓而实现的，拧松 5 个六角螺母（A），拧动张紧螺母（B），改变调节板（C）的位置，使得升运器两链条张紧度应该一致，正常张紧度应该用手在中部提起链条时，链条离底板高度为 30~60mm。使用一段时间后，由于链节拉长，通过螺杆已经无法调整时，可将链条卸下几节。

2. 排茎辊上轴角度调整

拉茎辊的作用是将大的茎秆夹持到机外。拉茎辊的上轴位置可调，可在侧壁上的弧形孔做 5°~10° 的旋转调整，以达到理想的排茎效果。出厂前，拉茎辊轴承座在弧形孔中间位置，调整时，松开四个螺母，保持拉茎辊下轴不动，缓慢转动轴承座的位置，使上下轴达到合适的角度，然后拧紧所有螺栓。

3. 风扇转速调整

该风扇产生的风吹到升运器的上端，将杂余吹出到机体外。该风扇是平板式的，如果采用流线型的将会造成玉米叶子抽到风扇中。

风扇转速调整是拆下升运器右侧护罩，松开链条，拆下二次拉茎辊主动链轮，更换成需要的链轮，然后连接链条，装好护罩。

风扇的转速有三种：1 211r/min、1 292r/min 和 1 384r/min，它是通过更换排茎辊的输入链轮来完成的。当使用 16 齿链轮时其转数为 1 211r/min；当使用 15 齿链轮时，其转速为 1 292r/min（出厂状态）；当使用 14 齿链轮时，转速为 1 384r/min。

（四）剥皮输送机

剥皮输送机简称剥皮机，是将玉米果穗的苞叶剥除的装置，同时将果穗输送到果穗箱。

剥皮机由星轮和剥皮辊组成，五组星轮，五组剥皮辊。每组剥皮辊有四根剥皮辊，铁辊是固定辊，橡胶辊是摆动辊。

剥皮输送机工作过程：果穗从升运器落入剥皮机中，经过星轮压送和剥皮辊的相对转动剥除苞叶，并除去残余的断茎秆及穗头，然后经抛送辊将去皮果穗抛送到粮箱。

1. 星轮和剥皮辊间隙调整

压送器（星轮）与剥皮辊的上下间隙可根据果穗的粗细程度进行调整。调整位置：前部在环首螺栓处（左右各一个），后部在环首螺栓处（左右各一个），调整完毕后，需重新张紧星轮的传动链条。出厂时，星轮和剥皮辊之间的间隙为3mm。压送器（星轮）最后一排后面有一个抛送辊，起到向后抛送玉米果穗作用。

2. 剥皮辊间隙调整

通过调整外侧一组螺栓（A），改变弹簧压缩量 X，实现剥皮辊之间距离的调整。出厂时压缩量 Z 为 61mm。

3. 动方输入链轮、链条的调节

调节张紧轮（A）的位置，改变链条传动的张紧程度。对调组合链轮（B）可获得不同的剥皮辊转速。

将双排链轮反过来，会产生两种剥皮机速度，出厂时转速为 420r/min，链轮反转安装时，转速为 470r/min。齿轮箱的输入端配有安全离合器。

（五）籽粒回收装置

籽粒回收装置由好粒筛和籽粒箱组成，位于剥皮机正下方，用于回收输送剥皮过程中脱落的籽粒，好粒经筛孔落入下部的籽粒箱，玉米苞叶和杂物经筛子前部排出。

籽粒筛角度可通过调整座（A）调整，好粒筛面略向下倾斜，是出厂状态，拆掉调整座（A），好粒筛向上倾斜，降低籽粒损失。

（六）茎秆切碎器

切碎器的主要作用是将摘脱果穗的茎秆及剥皮装置排出的茎叶粉碎均匀抛撒还田。茎秆切碎器的主轴旋转方向与机器前进方向相反，即逆向切割茎秆。由于刀轴的高速逆行驶方向旋转，可将田间摘脱果穗的茎秆挑起，同时将散落在田间的苞叶吸起，随着刀轴的转动，动定刀将其打碎，碎茎秆沿壳体均匀抛至田间。

茎秆切碎器的组成：转子、仿形辊、支架、甩刀、传动（齿轮箱换向）装置。

1. 割茬高度的调整

仿形辊的作用主要是完成对切茬高度的控制，工作时，仿形辊接地，使切碎器由于仿行辊的作用而随着地面的变化而起伏，达到留茬高度一致的目的。调整仿形辊的倾斜角度，以控制割茬高度。留茬太低，动刀打土现象严重，动刀（或锤爪）磨损，功率消耗增大；留茬太高，茎秆切碎质量差。

调整时松开螺栓（B），拆下螺栓（C），使仿形辊（A）围绕螺栓（B）转动到恰当位置，然后固定螺栓（C）。仿形辊向上旋转，割茬高度低；仿形辊向下旋转，割茬高度高。

2. 切碎器定刀的调整

调整定刀（A）时，松开螺栓（B）向管轴方向推动定刀（A），茎秆粉碎长度短，反之茎秆粉碎长度长。用户根据需要进行调整。

3. 切碎器传动带张紧度调整

切碎器传动皮带由弹簧（A）自动张紧，出厂时，弹簧长度为（84±2）mm，需要根据皮带的作业状态进行适当调整，调整后需将螺母（B）锁紧。调整的基本要求：在正常的负荷下，皮带不能打滑和丢转。只在调整皮带张紧度时方可拆防护罩。

三、玉米果穗联合收割机的维护保养

（一）割前准备

1. 保养

按照使用说明书，对机器进行日常保养，并加足燃油、冷却水和润滑油。

以拖拉机为动力的应按规定保养拖拉机。

2. 清洗

收获工作环境恶劣，草屑和灰尘多，容易引起散热器、空气滤清器堵塞，造成发动机散热不好、水箱开锅。因此必须经常清洗散热器和空气滤清器。

3. 检查

检查收割机各部件是否松动、脱落、裂缝、变形，各部位间隙、距离、松紧是否符合要求；启动柴油机，检查升降提升系统是否正常，各操纵机构、指示标志、仪表、照明、转向系统是否正常，然后结合公里，轻轻松开离合器，检查各运动部件、工作部件是否正常，有无异常响声等。

4. 田间检查

（1）收获前10~15d，应做好田间调查，了解作业田里玉米的倒伏程度、种植密度和行距、最低结穗高度、地块的大小和长短等情况，制订好作业计划。

（2）收获前3~5d，将农田中的渠沟、大垄沟填平，并在水井、电杆拉线等不明显障碍物上设置警示标志，以利于安全作业。

（3）正确调整秸秆粉碎还田机的作业高度，一般根茬高度为8cm即可，调得太低刀具易打土，会导致刀具磨损过快，动力消耗大，机具使用寿命低。

（二）使用注意事项

1. 试运转前的检查

（1）检查各部位轴承及轴上高速转动件的安装情况是否正常。

（2）检查V带和链条的张紧度。

（3）检查是否有工具或无关物品留在工作部件上，防护罩是否到位。

（4）检查燃油、机油、润滑油是否到位。

2. 空载试运转

（1）分离发动机离合器，变速杆放在空挡位置。

（2）启动发动机，在低速时接合离合器。待所有工作部件和各种机构运转正常时，逐渐加大发动机转速，一直到额定转速为止，然后使收割机在额定转速下运转。

（3）运转时，进行下列各项检查：顺序开动液压系统的液压缸，检查液压系统的工作情况。液压油路和液压件的密封情况；检查收割机（行驶中）制动情况。每经20min运转后，分离一次发动机离合器，检查轴承是否过热、皮带和链条的传动情况，各连接部位的紧固情况。用所有的挡位依次接合工作部件时，对收割机进行试运转，运行时注意各部件的情况。

注意：就地空转时间不少于 3h，行驶空转时间不少于 1h。

3. 作业试运转

在最初作业 30h，建议收割机的速度比正常速度低 20%~25%，正常作业速度可按说明书推荐的工作速度进行。试运转结束后，要彻底检查各部件的装配紧固程度、总成调整的正确性、电气设备的工作状态等。更换所有减速器、闭合齿轮箱的润滑油。

4. 作业时应注意的事项

（1）收割机在长距离运输过程中，应将割台和切碎机构挂在后悬挂架上，并且只允许中速行驶，除驾驶员外，收割机上不准坐人。

（2）玉米收割机作业前应平稳接合工作部件离合器，油门由小到大，到稳定额定转速时，方可开始收获作业。

（3）玉米收割机在田间作业时，要定期检查切割粉碎质量和留茬高度，根据情况随时调整割茬高度。

（4）根据抛落到地上的籽粒数量来检查摘穗装置工作。籽粒的损失量不应超过玉米籽粒总量的 0.5%。当损失大时应检查摘穗板之间的工作间隙是否正确。

（5）应适当中断玉米收割机工作 1~2min。让工作部件空运转，以便从工作部件中排除所有玉米穗、籽粒等余留物，以免工作部件堵塞。当工作部件堵塞时，应及时停机清除堵塞物，否则将会导致玉米收割机负荷加大，使零部件损坏。

（6）当玉米收割机转弯或者沿玉米垄行作业遇到水洼时，应把割台升高到运输位置。

注意：在有水沟的田间作业时，收割机只能沿着水沟方向作业。

（三）维护保养

1. 技术保养

（1）清理。经常清理收割机割台、输送器、还田机等部位的草屑、泥土及其他附着物。特别要做好拖拉机水箱散热器、除尘罩的清理，否则直接影响发动机正常工作。

（2）清洗。空气滤清器要经常清洗。

（3）检查。检查各焊接件是否开焊、变形，易损件如锤爪、皮带、链条、齿轮等是否磨损严重、损坏，各紧固件是否松动。

（4）调整。调整各部间隙，如摘穗辊间隙、切草刀间隙，使间隙保持正常；调整高低位置，如割台高度等符合作业要求。

（5）张紧。作业一段时间后，应检查各传动链、输送链、三角带、离合器弹簧等部件松紧度是否适当，按要求张紧。

（6）润滑。按说明书要求，根据作业时间，对传动齿轮箱加足齿轮油，轴承加足润滑脂，链条涂刷机油。

（7）观察。随时注意观察玉米收割机作业情况，如有异常，及时停车，排除故障后，方可继续作业。

2. 机具的维护保养

（1）日常维护保养。

①每日工作前应清理玉米果穗联合收割机各部残存的尘土、茎叶及其他附着物。

②检查各组成部分连接情况，必要时加以紧固。特别要检查粉碎装置的刀片、输送器的刮板和板条的紧固，注意轮子对轮毂的固定。

③检查三角带、传动链条、喂入和输送链的张紧程度。必要时进行调整，损坏的应更换。

④检查变速箱、封闭式齿轮传动箱的润滑油是否有泄漏和不足。

⑤检查液压系统液压油是否有漏油和不足。

⑥及时清理发动机水箱、除尘罩和空气滤清器。

⑦发动机按其说明书进行技术保养。

（2）收割机的润滑。玉米果穗联合收割机的一切摩擦部分，都要及时、仔细和正确地进行润滑，从而提高玉米联合收割机的可靠性，减少摩擦力及功率的消耗。为了减少润滑保养时间，提高玉米联合收割机的时间利用率，在玉米果穗联合收割机上广泛采用了两面带密封圈的单列向心球轴承、外球面单列向心球轴承，在一定时期内不需要加油。但是有些轴承和工作部件（如传动箱体等），应按说明书的要求定期加注润滑油或更换润滑油。

（3）三角带传动维护和保养。

①在使用中必须经常保持皮带的正常张紧度。皮带过松或过紧都会缩短

使用寿命。皮带过松会打滑，使工作机构失去效能；皮带过紧会使轴承过度磨损，增加功率消耗，甚至将轴拉弯。

②防止皮带粘油。

③防止皮带机械损伤。挂上或卸下皮带时，必须将张紧轮松开。如果新皮带不好上时，应卸下一个皮带轮，套上皮带后再把卸下的皮带轮装上。同一回路的皮带轮轮槽应在同一回转平面上。

④皮带轮轮缘有缺口或变形时，应及时修理或更换。

⑤同一回路用 2 条或 3 条皮带时，其长度应该一致。

（4）链条传动维护和保养。

①同一回路中的链轮应在同一回转平面上。

②链条应保持适当的紧度，太紧易磨损，太松则链条跳动大。

③调节链条紧度时，把改锥插在链条的滚子之间向链的运动方向扳动，如链条的紧度合适，应该能将链条转过 20°~30°。

（5）液压系统维护和保养。

①检查液压油箱内的油面时，应将收割台放在最低位置，如液压油不足时，应予补充。

②新玉米联合收割机工作 30h 后，应更换液压油箱里的液压油，以后每年更换 1 次。

③加油时应将油箱加油孔周围擦干净，拆下并清洗滤清器，将新油慢慢通过滤清器倒入。

④液压油倒入油箱前应沉淀，保证液压油干净，不允许油里含水、沙、铁屑、灰尘或其他杂质。

（6）入库保养。

①清除泥土杂草和污物，打开机器的所有观察孔、盖板、护罩，清理各处的草屑、秸秆、籽粒、尘土和污物，保证机内外清洁。

②保管场地要符合要求，农闲期收割机应存放在平坦干燥、通风良好、不受雨淋日晒的库房内。放下割台，割台下垫上木板，不能悬空；前后轮支起并垫上垫木，使轮胎悬空，要确保支架平稳牢固，放出轮胎内部的气体。卸下所有传动链，用柴油清洗后擦干，涂防锈油后装复原位。

③放松张紧轮，松弛传动带。检查传动带是否完好，能使用的，要擦干净，涂上滑石粉，系上标签，放在室内的架子上，用纸盖好，并保持通风、干燥

及不受阳光直射。若挂在墙上，应尽量不让传动带打卷。

④更换和加注各部轴承、油箱、行走轮等部件润滑油；轴承运转不灵活的要拆下检查,必要时换新的。对涂层磨损的外露件,应先除锈,涂上防锈油漆。卸下蓄电池，按保管要求单独存放。

⑤每个月要转动一次发动机曲轴，还要将操纵阀、操纵杆在各个位置上扳动十几次，将活塞推到油缸底部，以免锈蚀。

四、常见故障及排除方法

1. 玉米果穗收割机出现漏摘果穗

可能是因为：①玉米播种行距与玉米收割机结构行距不相适应；②分禾板和扶倒器变形或安装位置不当；③夹持链技术状态不良或张紧度不适宜；④摘穗辊轴螺旋筋纹和摘钩磨损；⑤摘穗辊安装或间隙调整不当；⑥摘穗辊转速与机组作业速度不相适应；⑦收割机割台高度调节不当；⑧机组作业路线未沿玉米播向垄行正直运行；⑨玉米果穗结实位置过低或下垂。相对应的排除方法为：①播种时行距应与玉米收割机行距一致；②校正或重新安装；③正确调整夹持链的张紧度；④正确安装摘穗辊以免破坏摘穗辊表面上条棱和螺旋筋原装配关系；⑤正确安装、间隙调整正确；⑥合理掌握作业速度；⑦合理调整割台高度；⑧正确操纵收割机行驶路线；⑨合理调整割台工作高度，摘穗辊尽可能放低一些。

2. 玉米果穗收割机出现果穗掉地

可能是因为：①分禾器调整太高；②机器行走速度太快或太慢；③行距不对或牵引（行走）不对行；④玉米割台的挡穗板调节不当或损坏；⑤植株倒伏严重，扶倒器拉扯扶起时，茎秆被拉断，果穗掉地；⑥收割滞后，玉米秸秆枯干；⑦输送器高度调整不当。相对应的排除方法为：①合理调整分禾器高度；②合理控制机组作业速度；③正确调整牵引梁的位置；④合理调整挡穗板的高度；⑤正确操纵收割机行驶路线；⑥尽量做到适期收割；⑦正确调整输送器高度。

3. 玉米果穗收割机出现摘穗辊脱粒咬穗

可能是因为：①摘穗辊和摘穗板间隙太大；②玉米果穗倒挂较多，摘穗辊、板间隙太大；③玉米果穗湿度大；④玉米果穗大小不一或成熟度不同；⑤拉茎辊和摘穗辊的速度过高。相对应的排除方法为：①调小摘穗辊和摘穗板间隙；②调整摘穗辊、板间隙；③适当掌握收割期；④选择良种和合理施肥；⑤降低拉茎辊和摘穗辊的工作速度。

第五章

农机常用油料的
储存管理与安全使用

第一节　农用油料的分类、用途及选用

油料在农业机械中使用广泛，它是农业机械的动力来源和安全运行保障。据统计，在农业生产中，油料费用占机械作业成本的 25%~35%，同时油料的性能和品质直接影响农业机械的技术状态和使用寿命。所以熟悉油料的分类、品质与牌号，正确地选用油料，安全地使用油料，对延长农业机械使用寿命，降低机械作业成本，增加农机作业效益具有重要意义。

一、油料的分类

农业机械常用油料按工作性质和主要用途一般可以分为 3 类：

（一）燃油
主要指柴油和汽油。

（二）润滑油
主要包括汽机油、柴机油、齿轮油及润滑脂等。

（三）工作油
主要包括液压油和制动液。

二、油料的作用

农业机械常用油料主要有 3 个方面的作用。

（一）动力作用
柴油或汽油燃烧后为发动机提供动力，也就是说，将燃料燃烧时发出的热能转换为机械能。

（二）润滑作用

润滑作用，如机油通过油泵、管道采用强制循环和飞溅等方法到达各个摩擦部位，把金属机件的干摩擦变为机油层之间的液体摩擦，可显著减少机件的磨损，既能节约燃料，又能更好发挥机械的有效功率。除润滑外，机油在机械中还具有冷却、清洗、密封、防腐和缓冲作用。

（三）能量传递作用

能量传递作用，如液压油最主要的作用就是将液压泵产生的压力传递到液压油缸或其他液压装置，推动机械设备产生各种动作。

三、油料的牌号、规格及选用

（一）柴油

我国生产的柴油分轻柴油和重柴油两种。重柴油用于转速 1000r/min 以下的中低速柴油机。目前拖拉机、联合收获机、农用运输车等动力机械都采用高速柴油机，使用的燃料是轻柴油。

1. 柴油的牌号与规格

划分柴油牌号的依据是柴油的凝固点（柴油开始凝固的温度称为凝点）。轻柴油按其凝点分为 10 号、5 号、0 号、-10 号、-20 号、-35 号和 -50 号 7 个牌号。

2. 柴油的选用

选用不同牌号的柴油应主要根据使用时的气温决定。气温低，选用凝点较低的轻柴油；反之，则选用凝点较高的轻柴油。一般可按下列情况选用：

10 号轻柴油适用于有预热设备的高速柴油机使用。

5 号轻柴油适用于气温在 8℃以上的地区使用。

0 号轻柴油适用于气温在 4℃以上的地区使用。

-10 号轻柴油适用于气温在 -5℃以上的地区使用。

-20 号轻柴油适用于气温在 -14℃以上的地区使用。

-35 号轻柴油适用于气温在 -29℃以上的地区使用。

（二）汽油

1. 汽油的牌号与规格

汽油牌号由辛烷值确定，根据辛烷值的高低划分为 66 号、70 号、85 号、90 号、93 号、97 号 6 个牌号，数字表示汽油的辛烷值，它是汽油抗爆燃能力的指标。汽油的辛烷值越高，牌号也越高，抗爆性就越好，发动机就可以用更高的压缩比，这样既可提高发动机功率，又可节约燃料，对提高汽油机的燃油经济性能具有重要意义。

2. 汽油的选用

车用汽油应根据发动机的压缩比来选用，压缩比高的应选用牌号高的汽油，反之选用牌号低的汽油。选择不当，不仅造成浪费，而且容易产生爆燃，使发动机功率下降，油耗增加，零件磨损加剧等不良后果。

（三）发动机机油（俗称机油）

1. 机油的牌号与规格

机油分为柴油机机油（俗称柴机油）和汽油机机油（俗称汽机油）两种，其规格和牌号有两种分级方法。

（1）按品质分级。柴机油分为 CC、CD、CD-2、CF、CF-4 等；汽机油分为 SC、SD、SE、SF、SG 和 SH 等，其品质逐级提高。

（2）按黏度分级。我国将冬季用柴机油分为 0W、5W、10W、15W、20W、25W 共六级，其中的"W"表示冬季用，其前面的数字越小说明机油的低温流动性越好，代表可供使用的环境温度越低，在冷启动时对发动机的保护能力越好；将夏季用柴机油分为 20、30、40、50 共四级，其黏度均依次递增。上述冬季用油或夏季用油统称为单级机油。

还有一类柴机油能满足冬夏通用要求，称为多级机油，其牌号用"/"将冬夏两个级号连接起来，"W"后面（一斜杠后面）的数字则是机油耐高温性的指标，数值越大说明机油在高温下的保护性能越好。像 40，50 这样只有一组数值的是单级机油，不能在寒冷的冬季使用。如 10W/20 表示该机油的低温性能指标达到冬季用油的要求，高温黏度也符合夏季油 20 号的规格。又如 15W/40 这样两组数值都有：15 表示冬季时，机油黏度为 15 号，适用 -20℃ 低温，40 表示夏季时，机油相当于 40 号机油的黏度，适用 40℃ 高温。这就代表这种机油是先进的多级机油，适合从低温到高温的广泛区域，黏度值会随温度的变化给予发动机全面的保护。

（3）多级机油适用的环境温度。0W 适用 –35℃，5W 适用 –30℃，10W 适用 –25℃，15W 适用 –20℃，20W 适用 –15℃，25W 适用 –10℃，20 适用 20℃，30 适用 30℃，40 适用 40℃，50 适用 50℃。

（4）多级油的优点。

全年使用，延长发动机寿命，减少磨损（尤其是减少冷启动引起的磨损）。

提高燃油经济性。

降低润滑油消耗。

减少磨损。

提供良好低温润滑性。

更长的换油期。

汽机油的分级与柴机油相同。

2. 机油的选用

机油的选用依据是：主要根据机油的品质和黏度、当地气温及发动机的磨损情况选用。

柴机油的选择包括品质和黏度两方面，即油品的等级牌号和油品的黏度牌号。其中品质是首选内容，品质选用应遵照产品使用说明书中的要求选用，还可结合使用条件来选择。黏度等级的选择主要考虑环境温度。在选用时，只能以高等级油代替低等级油，否则，容易使机油早期变质。

（四）润滑脂（俗称黄油）

常用的润滑脂有钙基润滑脂、钠基润滑脂、钙钠基润滑脂、复合钙基润滑脂、锂基润滑脂。

钙基润滑脂抗水性较好，遇水不易乳化变质，但不耐热和低温，使用温度不超过 60℃。转速在 3 000r/min 以下的滚动轴承一般都可使用，适宜在农机具轴承上使用。

钠基润滑脂耐温性较好，具有良好的防护性，可用于震动较大、温度较高的滚动或滑动轴承上，使用温度范围为 80~120℃，可在 80℃温度下较长时间内工作。但不耐水，适用于工作温度较高而不耐与水接触的润滑部位。

钙钠基润滑脂介于钙基润滑脂和钠基润滑脂两者之间。钙钠基润滑脂既有钙基润滑脂抗水性，又有钠基润滑脂耐温性，使用温度范围为 90~100℃。

复合钙基润滑脂是由脂肪酸和醋酸制成的复合钙皂稠化高、中黏度矿油或硅油而成，抗水性较好，可用于宽温度范围内（如以矿油为基础油，使用温度范围为 –40~150℃）和负荷较大的机械、密封滚动轴承的润滑。

锂基润滑脂抗水性好，耐热和耐寒性都较好，它可以取代其他基脂使用在拖拉机和联合收获机上。

润滑脂的牌号是按其稠度（以"锥入度"表示其软硬程度）分为000、00、0、1、2、3、4、5、6共9个牌号，号数越大，润滑脂越硬，拖拉机和联合收获机上一般使用2号或3号。

（五）齿轮油

齿轮油有3个品种，即普通车用齿轮油（代号为CLC）、中负荷车用齿轮油（代号为CLD）、重负荷车用齿轮油（代号为CLE），品质按次序后一级比前一级高。黏度等级分为70W、75W、80W、85W、90W、140W和250W共7个黏度牌号，这些是单机齿轮油。还有多级齿轮油，如80W/90、85W/90、85W/140等。齿轮油原则上应按产品使用说明书的规定进行选用，也可按工作条件选用品种，按气温选择黏度牌号。

（六）液压油

液压油的品种有普通液压油（代号HL）、抗磨液压油（代号HM）、低温液压油（代号HV和HS）、难燃液压油（代号HFAE和HFC）等。每种液压油都有若干个不同黏度的牌号，牌号由代号和黏度值数字构成。普通液压油适用于中低液压系统，压力为2.5~8MPa，牌号有HL32、HI46、HL68；抗磨液压油适用于压力较高，大于10MPa使用条件苛刻的液压系统，牌号有HM32、HM46、HM68、HM100、HM150等。拖拉机、联合收获机应选用此类油。根据工作环境温度选用相应黏度的牌号，在严寒地区作业的机械宜选用低温液压油。

（七）制动液

制动液有醇型、合成型、矿油型3种类型。合成型用醚、醇、酯等掺入润滑、抗氧化、防锈、抗橡胶溶胀等添加剂制成，一般最好考虑选用合成制动液，不要购买已淘汰的醇型制动液。

第二节　油料的安全储存

家有拖拉机、柴油机的农户，在农忙季节里，农机手为加油方便，往往在家中存放一定数量的油料，如果管理使用不当，很容易造成不必要的经济损失，个别农机户甚至因储存不当，引起火灾和爆炸事故。

一、油料的安全储存

为确保家中储存油料的安全，避免发生意外，家庭储存与使用油料要做到"六防"。

（一）防火

油料易燃，例如柴油的蒸汽在60℃时遇明火会燃烧、爆炸。储存使用时一定要注意防火防爆，装卸和加油时，禁止烟火，严禁吸烟，严格控制火源流动和明火作业。油料的防火措施主要是控制可燃物、断绝火源、防止静电。因此，贮油桶要远离厨房、窗前和烟囱下易产生火花的地方。为防止雷击起火，贮油桶要离柴草垛等易燃物堆放场所远些。贮油桶还要离电线远些，防止电线断落在油桶上产生火花引起失火。炎热季节，为避免烈日暴晒，存放在室外的油料要用石棉瓦等遮阳或搭棚遮盖。给拖拉机加油时，防止明火接近，远离火源，不得吸烟。特别是夜晚加油时，禁止使用明火照明加油。冬天气温低时，避免使用明火加热、烘烤机车的油箱。

（二）防爆

油桶装油时不可过满，一般装油量不超过油桶容积的85%，要留有充分的膨胀空间，以防油料因受热膨胀而使容器内压力增高，发生爆炸。未经洗刷的油桶严禁焊补，洗刷后的油桶在焊补时，一定要打开桶盖，避免发生爆炸。

（三）防静电

静电产生的原因是绝缘体与导体或绝缘体与另一绝缘体摩擦时产生的，柴油、汽油都是电的不良导体，在运输、灌装过程中，油分子之间、柴油、汽油与其他物质之间的摩擦会产生静电，其电量随着摩擦的加剧而增大，如不及时导除，当电量增大到一定程度，就会在两带电体之间跳火（即静电放电）产生电火花，而引起柴油、汽油起火爆炸。因此，柴油、汽油在搬运、储存时，要尽量避免磕碰，开油桶盖时要用专用工具，不可用铁器敲击。避免使用塑料桶装汽油，尽量不用塑料桶存放柴油，因为塑料是电的不良导体，摩擦产生的静电在空气干燥时，无法导走，很容易产生静电火花。而用铁桶，由于铁是电的良导体，放在地面上，产生的静电会很快导入大地，不会造成静电荷的积累。倒汽油和加汽油时不可用塑料桶，防止静电起火。高温、干燥季节从事柴油、汽油灌装等作业时最好不穿着化纤服装，因为化纤衣服容易产生静电火花。

（四）防中毒

无论是汽油、柴油及其蒸气都具有一定程度的毒性。加油时，避免口腔和皮肤与油料接触，特别是含铅汽油毒性更大。为避免油料伤害身体，农机手应做到以下几点：一是不要用嘴吸取柴油、汽油，如果必须从油箱中通过胶管将柴油、汽油抽出时，可用橡皮球去吸或将胶管一端插入油中另一端堵紧，然后提出即可把油抽出。二是不要将粘有油污、油垢的工作服、手套、鞋袜放在卧室内，应放于没人居住的房间，并定期清洗干净。三是维修柴油机、汽油机时，工作地点应保持良好的通风，操作者最好在上风口位置，尽量减少柴油、汽油蒸气吸入，拆下的零件用煤油或无铅汽油洗净，避免用含铅汽油洗手，擦洗衣服、机件或作喷灯燃料。四是作业完毕后，要用碱水或肥皂洗手，未经洗手、洗脸、漱口不要饮水和进食。五是眼睛溅入柴油、汽油者，要立即翻开上下眼睑，用流动水或生理盐水冲洗至少 10min。

（五）防变质

油料在储存过程中，由于受外界温度的变化、太阳暴晒、风吹雨淋以及沙尘飞落等影响，容易蒸发、氧化或混入水分、杂质，从而失去轻质成分、增多实际胶质含量，丧失添加剂作用、加速油品变质，造成柴油机、汽油机油路堵塞、供油中断，不仅使柴油机、汽油机启动性能变差，而且还会加速机件的磨损，缩短柴油机、汽油机的使用寿命。因此在储存时应采取以下措施防止变质：一是保持清洁避免弄脏。存油容器一定要清洁、无水、无残油、无铁锈、无杂质。这是因为汽油中进入水分会使四乙铅发生沉淀；柴油中进入杂质会加速精密配件的磨损；齿轮油和机油中进入水分或杂质，会增加机件的磨损和腐蚀；钠基润滑脂进入水分会造成乳化。另外存放过化肥、氨水的容器，不经彻底清洗绝对不允许用来盛装油料。二是减少与空气接触。因为油料与空气接触，加上高温，会使油料中一些成分被氧化，使酸值增大，胶质、残炭增加。因此，油料要密闭储存，以减少油料与空气的接触。不同的储存容器之间应尽量减少不必要的来回倒装，以减少蒸发和氧化。三是防晒降温。为减缓油料蒸发及氧化的速度，应注意防晒、降温及温度的变化。四是恶劣天气不在室外加油。为避免雨、雪、沙尘在加油时进入油箱，遇到风、雨、雪天气避免在室外加油，如果家中有多桶油料应坚持用完一桶再用另一桶。五是防不同类油料相互混入。机油中混入了齿轮油，会增加积炭和酸值，降低润滑效果；润滑油中混入了汽油、柴油，会因稀释而降低润滑性能，增加机件的磨损；汽油、柴油中混入了润滑油，会燃烧不良，增加积炭。

（六）消防灭火设施

为保证油料的储存使用安全，必须具备一定的消防安全常识。农机户家中要备足防火设施，准备一个灭火器或沙土箱，以及其他灭火工具，以备灭火急用，万一发生燃油火灾，千万别用水灭火，以防止火势蔓延，应用沙土埋盖，或用自备灭火器扑灭。

二、油料的净化

油料净化是指油料在使用前和使用中，通过沉淀、过滤等各种措施，除去油料中的机械杂质和水分，以提高油料的清洁程度，是提高用油质量的重要措施。

油料净化的措施：可分为两个阶段进行，一是机外净化，二是机内净化。

第三节　柴机油的正确使用与注意事项

拖拉机和联合收获机的发动机通常采用的是柴油机，根据有关统计数据显示，拖拉机在平时的使用中发动机的故障在拖拉机故障中占 70% 以上，而由于机油原因造成的发动机故障更是占到了 50%~80% 的比例。因此，正确使用柴机油对发挥拖拉机的效能具有非常重要的意义。

机油具有润滑、冷却、清洗、密封、防锈和缓冲等作用，其中，润滑作用是主要的。机油通过油泵、管道采用强制循环和飞溅等方法到达各个摩擦部位，把金属机件的干摩擦变为机油层之间的液体摩擦，可显著地减少机件的磨损，既能节约燃料，又能更好发挥机械的有效功率。

由于机油的工作条件是非常恶劣的，极易造成机油变质。而机油变质是引起发动机故障的主要原因。

一、造成机油变质的原因

（一）机油中渗进了水

油底壳里的机油，由于与空气接触及受热，易于氧化，随着机油中的酸性物质、胶质、铁屑、沥青质慢慢地增多，机油的颜色逐渐变黑，黏度也会逐渐下降。机油中含有水分，会加快油泥的形成，机油玷污变质（俗称老化），此时添加剂的抗氧化性和抗分散性逐渐减弱，又促使泡沫的形成，机油变成乳化液，破坏了油膜。试验表明，当水分达到 1% 时，机件磨损将提高 2.5 倍。

（二）曲轴箱通气性差

柴油机工作时，总有一些废气窜入油底壳，若通气管被堵，废气中的冷凝水会滴入机油中，加快机油老化。若活塞环严重损坏，窜气将更加严重，曲轴箱内的气压因而升高，若压力高于外界大气压力，则会给活塞运行带来一定阻力，导致机油从油底壳与气缸体结合处向外渗漏。为使曲轴箱内的气压与外界大气压相平衡，柴油机特设有通气管，其目的就是使曲轴箱内外压力处于平衡状态。另外，泄漏到曲轴箱底的气体含有二氧化硫，会使机油很快变质。

（三）发动机保养不当

在清洗机油滤清器、曲轴箱和机油散热器时，若清洗不彻底，或漏装机油滤清器的密封圈，则柴油机在加入新机油后，即使使用时间只有数小时，也会使机油严重污染。

（四）机油牌号使用不当

机油牌号使用不当容易使机油早期变质。在选用柴机油时必须注意其品质和黏度这两方面的要求，即油品的等级牌号和油品的黏度牌号。在选用时，只能以高等级油代替低等级油，否则，容易使机油早期变质。

（五）喷油泵及喷油器的故障

喷油泵及喷油器的故障也是造成机油变质的原因之一，根据统计，由此原因造成机油变质占到 15%~20% 的比例。喷油泵及喷油器的工作状况不良，极易使柴油进入到曲轴箱内，从而造成机油变质。

二、机油的正确使用

（一）及时更换机油

拖拉机维护保养虽然有规定的换油周期，但因柴油机的磨损程度不同，机油质量有差异，再加上地区气候与作业条件的不同，都会影响机油的更换周期。换早了造成浪费，换迟了又因机油老化，机件润滑不良而引起柴油机其他方面的故障。

由于发动机内残留的旧机油会对新加的机油起腐蚀作用，所以，换机油时应趁热将旧机油放干净，然后将柴油和机油（按 3/4 柴油和 1/4 新机油的比例）注入油底壳，启动柴油机低速运转 3~4min，对油道进行清洗，接着将上述清洗油放净并保养机油滤清器后，即可添加新机油，机油不可加的过多，否则会加大曲轴旋转阻力，助长柴油机烧机油，使缸内积炭增多。

（二）正确选用机油牌号

选用机油牌号主要考虑两个条件：一是根据发动机工作条件和负荷程度选用适当的机油品种。二是根据机械的所在地区季节及气温，结合发动机的性能和技术参数，选用适当的机油牌号。

（三）防止水分混入机油

若缸盖，机体有裂纹，缸套阻水圈老化失效或缸垫冲坏，或水冷式机油散热器芯子损坏，都会使冷却水流入油底壳。在拆卸缸盖时一定要先将水放净，以防止水流入油底壳；更换或添加机油时也应防止雨雪或其他水进入机油中。机油遇水后会很快变质，必须立即更换。

（四）防止柴油混入机油

柴油机喷油泵的供油量过大，供油压力过低或喷油器滴油，雾化不良时，会使喷入燃烧室内的柴油得不到充分燃烧，其中一部分将沿缸壁窜入油底壳，致使机油变稀，黏度下降，过早失去润滑作用。因此，要定期检查喷油泵与喷油器，及早更换磨损超限的柱塞、出油阀与喷油嘴偶件。

（五）防止灰沙杂质混入机油

灰沙进入机油后，会侵入各运动件的配合面，加速机件的磨损，同时产生的许多金属碎屑进入机油后将缩短其更换周期。因此，在机油存放、用加注器添加机油、保养机油滤清器时，应防止灰沙混入机油中。另外，要按时保养空气滤清器，空气滤清器过脏时，灰沙杂质容易进入气缸，不但加速缸筒与活塞的磨损，而且灰沙杂质会由气缸窜入油底壳。若机油滤清器过脏被堵，未经过滤的机油就会从旁通阀直接流入主油道，既加速机件磨损，也会使机油过早脏污失效，因此还要按时保养空气滤清器和机油滤清器，对于一次性机油滤芯，必须及时更换，不可清洗再用。

（六）防止机油温度过高而氧化

水冷式柴油机出水温度和机油温度应保持在50~59℃。风冷式柴油机缸盖温度不可超过120℃。若温度过高，会加速机油的氧化变质，但过低又会使喷入燃烧室内的燃油得不到充分的燃烧，其中一部分将冷凝成液态流入油底壳稀释机油。为此，柴油机启动后应先预热，轻负荷运转，待温度达到70℃时，才允许全负荷运转。

（七）防止气缸内废气对机油的侵蚀

当活塞与缸筒，气门与气门导管的配合间隙过大，燃烧室内的高温高压废气会由此窜入曲轴箱，加速机油的老化变质，并形成胶质、积碳及酸性有害物质。

因此，要及时更换磨损超限的上述配合件，恢复其配合间隙。

三、机油使用注意事项

机油使用应注意做到"三避免"。

一要避免接触水。机油里渗入水以后，添加剂里的金属离子就会溶解到水里，使机油变色、起泡，失去润滑性。所以要及时排除发动机漏水故障，防止冷却水漏入油底壳。在存放时也应避免机油接触到水。

二要避免光照。机油中的添加剂在阳光的照射下，会产生分解，使机油变色、变稀，甚至产生分层，因此，机油要密封、避光保存。

三要避免混合使用。有些农机手在使用农业机械时，发现缺机油了就添加，不考虑是不是一种型号、一个产品，这是非常错误的，不同品牌的机油其添加剂的品种和数量往往是不同的，混合以后，影响机油品质，甚至引起化学反应，即使添加好机油往往也影响润滑效果。所以，不同品牌、不同型号的机油不得混合在一起使用。

参考文献

白士天 . 2016. 延边水稻家庭农场适度规模经营分析 [D]. 延吉：延边大学 .

陈玉龙 . 2018. 气吸机械复合式大豆高速精密排种器研究 [D]. 长春：吉林大学 .

陈怡彤 . 2018. 以合作社为载体的农业机械共享研究 [D]. 兰州：兰州大学 .

陈世波 . 2017. 陕西省农机互助保险发展研究 [D]. 长沙：中南林业科技大学 .

蔡鹰 . 2017. 农业机械制造企业标准成本管理研究 [D]. 苏州：苏州大学 .

董欢 . 2016. 农业经营主体分化视角下农机作业服务的发展研究 [D]. 北京：中国农业大学 .

付昌星 . 2017. 怀化市农业机械需求分析研究及策略 [D]. 长沙：湖南农业大学 .

付天龙 . 2016. 梨树县农业机械化发展水平评价 [D]. 长春：吉林农业大学 .

冯丽梅 . 2016. 农机具融资租赁模式研究 [D]. 兰州：兰州大学 .

胡志强 . 2018. 新疆农机购置补贴政策实施研究 [D]. 石河子：石河子大学 .

韩月 . 2017. 北京地区农机行业安全生产的管理策略研究 [D]. 北京：北方工业大学 .

何文清 . 2017. 乡镇基层农机推广的现状与对策研究 [D]. 南昌：江西农业大学 .

胡俊 . 2016. 融资租赁与农业产业化发展 [D]. 济南：山东大学 .

侯彦如 . 2016. 吉林省农业机械化发展及其影响因素分析 [D]. 长春：吉林农业大学 .

胡姗姗 . 2016. 我国农业融资租赁服务发展研究 [D]. 武汉：长江大学 .

姜亦田 . 2016. 黑龙江垦区农业机械化发展研究 [D]. 长春：吉林大学 .

廉顺超 . 2016. 基于小型农田的移动喷灌设备设计研究 [D]. 北京：北京理工大学 .

梁继允 . 2018. 广西上思县农业机械化应用现状及发展对策研究 [D]. 南京：广西大学 .

刘艺玮 . 2017. "退地"现象下商丘市家庭农场对农业科技服务需求研究 [D]. 昆明：云南农业大学 .

刘颖 . 2017. 信息化青贮收割机电液控制系统研究 [D]. 秦皇岛：燕山大学 .

刘柯楠 . 2017. 太阳能驱动喷灌机组行走动力与导航控制研究 [D]. 杨凌：西北农林科技大学 .

刘胜楠 . 2017. 我国农机互助保险发展研究 [D]. 哈尔滨：东北农业大学 .

马福明 . 2016. 黑龙江垦区农业机械化的发展历史及其影响研究 [D]. 哈尔滨：哈尔滨师范大学 .

潘慧林 . 2018. "一带一路"背景下河南农业"走出去"问题研究 [D]. 郑州：河南科技大学 .

潘晓峰 . 2017. 山东省农业机械化发展研究 [D]. 济南：山东农业大学 .

庞广勇 . 2016. 黑龙江省农机租赁服务业发展研究 [D]. 哈尔滨：哈尔滨商业大学 .

宋晶晶 . 2018. 山西农业机械化存在的问题及对策研究 [D]. 晋中：山西农业大学 .

孙婉迪 . 2017. 中国农业机械技术创新问题研究 [D]. 长春：吉林农业大学 .

史平平 . 2016. 巴彦淖尔市农业机械化现状与发展对策研究 [D]. 呼和浩特：内蒙古农业大学 .

师丽娟 . 2016. 中外农业工程学科发展比较研究 [D]. 北京：中国农业大学 .

谭国庆 . 2018. 西藏林芝地区农业机械化问题分析与对策研究 [D]. 晋中：山西农业大学 .

王元 . 2017. 双峰县农机制造业发展对策研究 [D]. 长沙：湖南农业大学 .

王超 . 2017. 基于仿生的滚筒刮拉式香蕉茎秆纤维提取机优化设计研究 [D]. 海口：海南大学 .

王文明 . 2016. 吉安市农业机械化与农业结构调整的适应性研究 [D]. 南昌：江西农业大学 .

王得伟 . 2016. 铲链式花生起收机翻转放铺装置的试验研究 [D]. 沈阳：沈阳农业大学 .

王艳芳 . 2016. 基于 bootstrap 法与混合威布尔分布的拖拉机可靠性评估模型与应用研究 [D]. 哈尔滨：东北农业大学 .

王金萍 . 2016. 山东省农业机械化发展对农民收入影响的实证研究 [D]. 武汉：长江大学 .

吴瑛莉 . 2016. 新时期金华市农业机械化发展研究 [D]. 杭州：浙江大学 .

谢先梅 . 2017. 广东省农业机械化区域发展研究 [D]. 广州：仲恺农业工程学院 .

杨晴 . 2016. 石河子市农机产业发展战略研究 [D]. 石河子：石河子大学 .

杨艳 . 2016. 山西省主要作物机械化作业装备普查及发展趋势分析 [D]. 晋中：
山西农业大学 .

肖军委 . 2016. 南方冬种马铃薯机械化收获技术推广模式研究 [D]. 广州：仲恺
农业工程学院 .

赵凤林 . 2018. 河北省农业机械化发展对农民增收的影响研究 [D]. 武汉：长江
大学 .

曾天浩 . 2018. 新疆生产建设兵团农业机械自动化现状及推广模式研究 [D]. 杨
凌：西北农林科技大学 .

赵钦羿 . 2017. 当前我国农业机械化问题研究 [D]. 西安：西安工业大学 .

张琳洁 . 2016. 基于 GPS 的农机自动导航系统的研究与设计 [D]. 太原：太原理
工大学 .

张金朋 . 2016. 吉林省长白县农业机械化问题研究 [D]. 长春：吉林农业大学 .

郑为国 . 2016. 广东省农业机械购置补贴政策实施效果研究 [D]. 广州：华南农
业大学 .

庄文 . 2016. 农业生产方式转型中的农机融资租赁应用研究 [D]. 天津：天津商
业大学 .

钟鑫 . 2016. 不同规模农户粮食生产行为及效率的实证研究 [D]. 北京：中国农
业科学院 .